机械工业出版社高水平学术著作出版基金项目
中国能源革命与先进技术丛书

U0186633

风光新能源发电
先进预测技术

杨 明　于一潇　李梦林　著

机械工业出版社

本书的主题是对风电和光伏新能源发电的功率进行预测。内容包括风光新能源发电预测背景、风光新能源发电预测基础、风电功率单值预测、光伏功率单值预测、风光新能源发电概率预测、风光新能源发电组合预测和风光新能源发电爬坡事件预测。本书的内容是对作者团队研究成果的系统性总结，介绍了完备的风光新能源功率预测体系，能够代表当前风光功率预测的先进技术和前沿方向，具有一定参考价值。

　　本书可以作为风光新能源功率预测研究方向相关科研人员的参考书，也可以为负责新能源功率预测的现场工程人员提供技术指导，还可以作为各院校相关专业研究生的教材。

图书在版编目（CIP）数据

风光新能源发电先进预测技术/杨明，于一潇，李梦林著. —北京：机械工业出版社，2023.12（2025.2重印）
（中国能源革命与先进技术丛书）
机械工业出版社高水平学术著作出版基金项目
ISBN 978-7-111-74231-9

Ⅰ.①风…　Ⅱ.①杨…②于…③李…　Ⅲ.①风力发电②太阳能发电　Ⅳ.①TM61

中国国家版本馆 CIP 数据核字（2023）第 215721 号

机械工业出版社（北京市百万庄大街22号　邮政编码100037）
策划编辑：吕　潇　　　　　　　责任编辑：吕　潇
责任校对：潘　蕊　陈　越　　　封面设计：马精明
责任印制：刘　媛
北京中科印刷有限公司印刷
2025 年 2 月第 1 版第 2 次印刷
169mm×239mm · 11.5 印张 · 2 插页 · 236 千字
标准书号：ISBN 978-7-111-74231-9
定价：79.00 元

电话服务　　　　　　　　　　网络服务
客服电话：010-88361066　　机　工　官　网：www.cmpbook.com
　　　　　010-88379833　　机　工　官　博：weibo.com/cmp1952
　　　　　010-68326294　　金　书　网：www.golden-book.com
封底无防伪标均为盗版　　机工教育服务网：www.cmpedu.com

在实现"双碳"目标推动下，我国风光新能源发电（下文称"风光发电"）装机容量持续提升。风光发电受气象资源影响明显，具有显著的随机性与波动性，大规模、高比例并网对电力系统安全经济运行造成了挑战，所以提升预测精度可有效缓解风光发电不确定性的负面影响，对于促进风光发电并网消纳、提升风光供电保障能力具有积极意义。此外，我国正稳步推进电力市场化改革进程，风光场站作为市场主体，其发电功率预测的准确性将直接影响场站的市场收益与考核。因此，如何充分利用数值天气预报信息，分析不同时空尺度下风光出力特性，利用先进模型与算法，准确预测风光发电功率，量化评估预测结果的不确定性，是电网调度、风光场站以及预测服务提供商持续关注的重点问题。

在上述背景下，山东大学电力系统经济运行团队以多时空尺度风光发电预测精度提升为目标，自 2009 年开始持续开展深入研究，针对超短期、短期等不同时间尺度，场站、集群、分布式等不同空间尺度，单值、概率、爬坡事件等不同预测形式，提出了系列预测方法，基本涵盖了风光发电功率预测所涉及的热点问题。与此同时，团队还自主研发了风光功率预测产品，实现了科研成果的产业转化与推广应用，积累了充足的工程经验。本书是对团队 10 余年研究成果的系统性总结，内容按照由浅入深，逐步展开的原则安排。

本书共 7 章，第 1 章介绍了国内外风光发电的发展现状，进一步引出了国内外风光发电功率预测方法以及系统的发展历程，在此基础上总结了风光发电对于电力系统以及电力市场的重要性；第 2 章介绍了风光发电预测的相关理论基础，包括面向风光发电预测的电力数值天气预报、风光发电预测分类、风光发电预测基础模型以及风光发电预测评价体系；第 3 章从风电特性分析出发，分别针对超短期、短期时间尺度以及集群空间尺度的特点介绍了相应的风电功率单值预测模型，通过算例对比研究证实了所提模型的有效性与精准性；第 4 章从光伏发电特性分析出发，分别针对超短期、短期时间尺度以及分布式空间尺度的特点介绍了相应的光伏功率单值预测模型，并利用实际场站数据进行模型性能验证研究；第 5 章在单值预测的基础上进一步深入探讨了风光发电功率概率预测，介绍了参数化概率模型（稀疏贝叶斯学习）和非参数化概率模型（分位数回归、D-S 证据理论、核密度估计），并进行算例分析验证；第 6 章重点探讨了多模型组合预测在风光功率单值和概率预测中的应用，以克服单一预测模型环境适应能力较弱的缺陷，提升预测精准度和鲁棒性；第 7 章介绍了风光发电爬坡事件的定义，针对爬坡事件的小样本问题，提出了非精确概率区间预测方法。

本书是团队研究成果的总结。在此感谢直接参与此项研究的于一潇博士、李梦林博士、王传琦博士，以及所有参与到此项研究工作中的硕士研究生。此外，还要衷心感谢在课题研究过程中给予指导的韩学山教授、参与讨论的课题组其他老师，以及长期与团队保持密切合作与沟通的中国电力科学研究院新能源研究所的各位专家。本书涉及研究内容获得了国家重点研发计划项目"促进可再生能源消纳的风电/光伏发电功率预测技术及应用"（2018YFB0904200）、国家重点研发计划项目"大规模风电/光伏多时间尺度供电能力预测技术"（2022YFB2403000）、国家重点研发计划政府间国际科技创新合作项目"基于多元柔性挖掘的主动配电网协同运行关键技术与仿真平台研究"（2019YFE0118400-1）、国家自然科学基金联合基金项目"基于灵活性挖掘的区域能源互联网协同运行关键技术与仿真平台研究"（U2166208-1）的资助，也一并表示感谢。

本书内容体现的研究成果是阶段性的。由于作者水平有限，难免存在不足，恳请读者给予批评和指正。

杨　明

目 录 Contents

前 言

Chapter 1
第1章

风光新能源发电
预测背景

1.1 风光新能源发展现状

随着全球范围内"减碳"政策的推行,以风能、光伏为代表的新能源在电力系统中的地位日益提高,新能源发电技术逐渐成熟。其中,国外对风电、光伏的开发利用与投资较多、起步较早,相应配套措施与技术辅助制度也已比较成熟。我国风电、光伏的发展虽然起步相对较晚,但在"双碳"战略目标提出后,我国对新能源发电的扶持力度也日益增强。目前我国的新能源技术正处于蓬勃发展期,以国家电网为代表的电力行业企业正在持续大力推进风电与光伏等新能源场站的建设与发电并网,近年来我国风光新能源累计装机容量已稳居全球首位。

1.1.1 风电发展现状

1. 国外发展现状

人类利用风能已经有几千年的历史,但风能最初主要用于推动帆船、磨面、抽水等,其在发电上的应用只有约 140 年的历史。19 世纪 80 年代后期,全球第一台自动运行的风电机组在美国诞生,其额定容量仅有 12kW。第二次世界大战前后,能源需求迅速增长,欧美相继开始了更大容量风电机组的研发。1941 年,美国成功研制单机容量 1.25MW、风轮直径 53.3m 的大容量风电机组,但由于其技术极为复杂,再加上当时的制造水平有限,导致机组运行极不稳定。20 世纪 90 年代,MW级风电机组制造技术日趋成熟并逐渐实现了商业化。1991 年,英国首个陆上风电场在 Cornwall(康沃尔)建成,由 10 台风电机组组成,为 2700 户居民供电。2017 年6 月,全球领先的风电机组企业 MHI Vestas(维斯塔斯)推出了单机容量高达9.5MW 的海上风电机组。

随着温室效应带来的影响愈发明显，人类发展可再生能源的意愿也日趋强烈，风力发电在快速发展的同时，装机容量也在不断提高。据全球风能理事会（GWEC）发布的数据，2008—2011 年，全球风电总装机容量的年增长率均超过了20%。2009 年之后，虽然风电装机容量的增长率整体呈现下降的趋势，但由于风电装机总容量基数高，因而每年的新增装机容量仍处于较高水平。截至 2021 年，全球风电总装机容量已达 837GW，与 5 年前相比增长了 70%，与 10 年前相比增长了2.5 倍。2008—2021 年全球风电总装机容量及年增长率如图 1.1 所示。

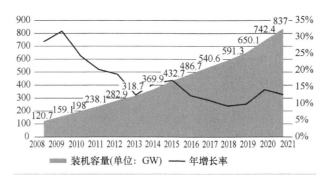

图 1.1　2008—2021 年全球风电总装机容量及年增长率

目前世界上风能资源开发程度较高、风电设备制造水平较为先进的国家包括丹麦、美国和德国等。

丹麦是世界上最早利用风力发电的国家之一。2017 年 3 月，丹麦成功利用风能为自己国家提供了 24h 的全部用电。2020 年丹麦风力发电量达 16.27TW·h，创历史纪录，占全国用电量的 46.1%。此外，丹麦在推行能源转型的过程中也专注于探索电力体制改革，其在 2005 年以来逐渐实现了电力的市场化，并借助与周边国家的电网互联，将供应和需求转换为价格信号，通过电力市场来实现电力资源的优化配置，成为其他国家电力行业改革的重要参考。

美国风电发展历史悠久，相关技术体系趋于成熟，其装机容量先后在 2009 年、2012 年和 2015 年经历了三次大规模增长。虽然在 2010 年之后，美国风电装机容量退居世界第二，但由于其严格的管控标准和先进的技术保障体系，直到 2015 年美国仍然是世界上最大的风电电力生产国和主要的风电设备制造国。

德国将环境保护和清洁能源开发作为基本国策，在发展风电上给予了很大的政策支持，包括风电保障收购、风电机组制造资金补贴、上网电价提高、发电补贴等手段，极大促进了德国风电事业的健康发展，其风电设备设计和制造技术水平不断提升，风电成本逐渐下降。截至 2021 年，德国风电装机容量已居欧洲首位、世界第三，其陆上风电发电量接近 96.3TW·h，成为德国内仅次于褐煤的第二大电力来源。

2. 我国发展现状

我国对风电的开发起步较晚，20 世纪五六十年代是我国风力发电机组技术发展的摸索试验阶段，该阶段的主要目标是解决海岛和偏远地区的用电难题，研制重点为离网型、分布式小型风电机组。20 世纪 70 年代末，我国开始进行并网风电示范研究，引进国外风电机组成功建设了示范风电场。1986 年，我国第一座陆上风电场——马兰风电场在山东省荣成市并网发电，成为了我国风电发展史上的里程碑。2002 年左右，我国开始大规模发展风电，但发电功率普遍较小，大部分是定速、定桨机组，且以进口为主。2003 年以来，国家发展和改革委员会通过风电特许权经营，制订了一系列优惠政策，大力推动了我国风电产业进入高速发展阶段。近年来，随着"双碳"战略目标的提出，进一步推动了风电装机容量的快速增长。2022 年 11 月 23 日，全球范围内单机容量最大、叶轮直径最大、单位 MW 重量最轻的风电机组——16MW 海上风电机组下线，标志着我国在海上风电大容量机组高端装备制造能力上实现了重要突破，且已达到国际领先水平。根据国家能源局发布的数据，2008—2021 年我国风电装机容量及增长率如图 1.2 所示。截至 2021 年年底，我国累计风电装机容量$^{\ominus}$达到 328.71GW，占全球总装机容量的 39.3%。

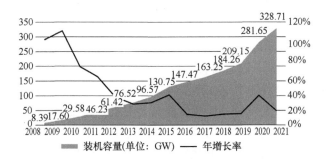

图 1.2　我国 2008—2021 年风电装机容量及增长率$^{\ominus}$

我国风能资源主要分布在"三北"地区、东南沿海及其岛屿，据国家能源局发布的数据，2021 年我国风电装机容量前 10 名的省（自治区、直辖市）的相关信息如图 1.3 所示。其中内蒙古自治区、河北省、新疆维吾尔自治区、江苏省、山西省五个省（自治区、直辖市）风电装机容量位居我国前五，以上 5 个省、自治区风电总装机容量占我国风电总装机容量的 40.5%。

　$\ominus$　该统计数据未包括香港特别行政区、澳门特别行政区和台湾地区。

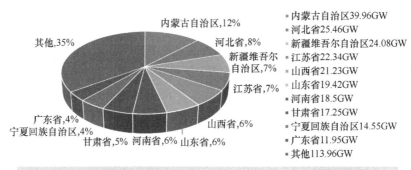

内蒙古自治区,12%
其他,35%
河北省,8%
新疆维吾尔自治区,7%
江苏省,7%
山西省,6%
广东省,4%
宁夏回族自治区,4%
甘肃省,5%　河南省,6%　山东省,6%

- 内蒙古自治区39.96GW
- 河北省25.46GW
- 新疆维吾尔自治区24.08GW
- 江苏省22.34GW
- 山西省21.23GW
- 山东省19.42GW
- 河南省18.5GW
- 甘肃省17.25GW
- 宁夏回族自治区14.55GW
- 广东省11.95GW
- 其他113.96GW

图 1.3　我国 2021 年主要省（自治区、直辖市）风电装机容量及其占比

1.1.2　光伏发展现状

1. 国外发展现状

光伏发电是对太阳能开发利用的重要方式，具有应用形式多样、容量规模灵活、安全可靠、维护便捷等突出优点，应用前景广阔。早在 1839 年，法国科学家贝克勒尔（E. Becquerel）就发现，光照能使半导体材料的不同部位之间产生电位差，这种现象后来被称为"光生伏特效应"，简称"光伏效应"。1954 年，美国科学家恰宾（Chapin）等人在美国贝尔实验室首次制成了实用的单晶硅太阳电池，将太阳能转换为电能的实用光伏发电技术。1969 年，法国建成世界上第一座光伏电站。20 世纪 70 年代后期，随着现代工业的发展，全球能源危机和大气污染问题日益突出，传统的化石燃料能源正在逐步减少，且其对环境造成的破坏不断加深。在此背景下，全世界将目光投向了新型能源，太阳能以其独有的优势成为人们研究的焦点。20 世纪 80 年代，太阳电池的种类不断增多、应用范围日益广阔、市场规模也逐步扩大，商品化非晶硅光伏电池组件于 1984 年问世。美国是最早制定光伏发电发展规划的国家，在 1997 年提出了"百万屋顶"计划，日本、德国、瑞士、法国等国纷纷效仿，并投巨资进行技术开发和加速工业化进程。到了 21 世纪，光伏发电不断发展，2006 年，世界上已建成 10 多座兆瓦级光伏电站，其中包括 6 座并网光伏电站。

随着光伏电池组件技术的不断完善，光伏发电得到了快速发展。图 1.4 为 2010—2021 年全球光伏总装机容量及年增长率。2010—2021 年全球光伏总装机容量年增长率均超过 20%。截至 2021 年，全球光伏总装机容量突破 942GW，约为 2015 年的 4 倍，2010 年的 22 倍。

据国际能源署（IEA）统计，2021 年全球光伏发电市场持续强势增长，新增装机 175GW，累计装机容量达 942GW，同比增长 20.7%。如图 1.5 所示，2021 年光伏新增装机容量排名前 10 的国家依次为中国（54.9GW）、美国（26.9GW）、印度

（13GW）、日本（6.5GW）、巴西（5.5GW）、德国（5.3GW）、西班牙（4.9GW）、澳大利亚（4.6GW）、韩国（4.2GW）、法国（3.3GW）。2021 年进入全球前 10 位的国家装机容量最低水平约为 3GW，与 2020 年基本持平，是 2019 年所需容量水平的两倍。前 10 位的国家年度光伏总装机约占全球年度光伏总装机的 74%，较 2020 年（78%）略有下降。

图 1.4 2010—2021 年全球光伏总装机容量及年增长率

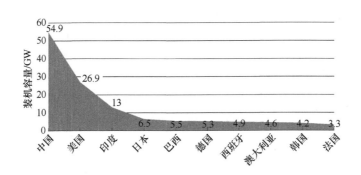

图 1.5 2021 年光伏新增装机容量排名前 10 的国家及其装机容量

2021 年至少 20 个国家的光伏累计装机容量超 1GW，15 个国家光伏累计装机容量超 10GW，5 个国家光伏累计装机容量超过 40GW。其中我国累计装机容量 306.54GW，同比增长 21.7%，全球排名第一。其次为欧盟（178.7GW，同比增长 18.1%），美国（123GW，同比增长 12.0%），日本（78.4GW，同比增长 9.5%）、印度（60.4GW，同比增长 27.4%）。

美国国家可再生能源实验室的太阳能研发中心是太阳能产业基础领域和应用领域的重要研究机构。美国已在大多数州通过《净电量计量法》，对光伏发电项目进行初始投资补贴或电价补贴。具体依据各州情况，光伏发电的激励政策有所差异，但大多采用可再生能源配额、税收优惠、现金补助等方式。

德国 1998 年开始实施鼓励家庭光伏发电的"10 万屋顶计划",成为较早关注光伏发电技术的国家。2000 年,德国推行《可再生能源优先法》(也称《可再生能源法》),实施高额的补贴激励政策,促使德国光伏市场呈现喷井式增长,引领德国成为光伏应用大国。截至 2021 年底,德国光伏累计装机容量达到 66.5GW,新增装机容量 5.3GW。

日本由于自然资源短缺,从 1990 年起就开始致力于光伏发电技术的研发。1993 年,日本启动"新阳光计划",加速光伏电池、燃料电池、深层地热、超导发电和氢能等资源开发利用。2021 年日本新增光伏装机容量 6.5GW,全球排名第四,仅次于中国、美国和印度。截至 2021 年年底,日本累计装机容量达到了 78.4GW。

2. 我国发展现状

20 世纪 70 年代,我国开始进行光伏发电技术开发,并于 20 世纪 90 年代末建成第一套 3MW 多晶硅电池及应用系统。2001 年,我国推出"光明工程计划",旨在通过光伏发电解决偏远山区的用电问题。2004 年,我国在深圳国际园林花卉博览园建成 1MW 并网光伏发电站,该电站成为国内首座兆瓦级并网光伏电站,也是当时亚洲最大的并网光伏电站,成为我国并网光伏发电的标志性事件。2007—2010年,我国的光伏发电项目快速走向市场化。2009 年 7 月 16 日,财政部、科技部、国家能源局联合发布《关于实施金太阳示范工程的通知》,决定综合采取财政补助、科技支持和市场拉动方式,加快国内光伏发电的产业化和规模化发展。2011 年以后,并网型光伏项目成为主流,随着各项利好政策的推出,光伏装机总量和增长率均持续快速增长,我国逐渐成为光伏发电大国。图 1.6 所示为 2017—2021 年我国光伏新增装机与累计装机容量情况。由图可知,我国光伏发电累计装机容量在 2020年达到 253.56GW,在 2021 年底达到 306.54GW,同比增长高达 20.89%。

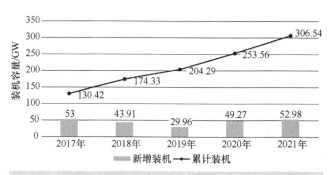

图 1.6　2017—2021 年我国光伏新增装机与累计装机容量

我国的光伏发电呈现东中西部共同发展的格局,据国家能源局统计,2021 年我国光伏发电累计装机容量前 10 名的省(自治区、直辖市)分别为:山东省(33430MW)、河北省(29210MW)、江苏省(19160MW)、浙江省(18420MW)、安徽省（17070MW）、青海省（16320MW）、河南省（15560MW）、山西省（14580MW）、内蒙古自治区（14120MW）、宁夏回族自治区（13840MW），各省（自治区、直辖市）占比如图 1.7 所示。

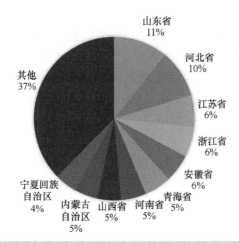

图 1.7　我国 2021 年主要省（自治区、直辖市）光伏发电累计装机容量占比

1.2　风光新能源发电预测系统发展历程

1.2.1　风电预测系统发展历程

1. 国外发展历程

根据时间先后顺序和发展的成熟度，可以把国外风电功率预测系统的发展分为以下三个阶段。

（1）1990 年之前：起步阶段

20 世纪 70 年代，美国太平洋西北国家实验室 PNNL 首次提出了风电功率预测的设想并评估了可行性。1990 年，丹麦 Risφ 可持续国家能源实验室的 Lars Landberg 采用类似欧洲风图集的推理方法开发了一套风电功率预测系统，将大气状况中包含的风速、风向、气温等信息通过理论公式与风电机组轮毂高度的风速和风向相联系，进而由风速-功率曲线得到风电场的发电功率，并根据风电场的尾流效应对其进行修正，该套系统初步具有实用的预测价值。

（2）1990—2000 年：快速发展阶段

1994 年，丹麦 Risφ 可持续国家能源实验基于 Lars Landberg 研究开发了第一套较为完整的风电功率预测系统 Prediktor。该系统采用丹麦气象研究院的区域数值天气预报模式（HIRLAM）获得数值天气预报（Numerical Weather Prediction，NWP）

数据，然后结合物理模型实现风电场的输出功率预报，并在丹麦、德国、法国、西班牙、爱尔兰、美国等地的风电场得到广泛应用。

1994 年，丹麦技术大学开发了基于自回归统计方法的风电功率预测系统 WPPT。WPPT 最初采用自适应回归最小平方根估计方法，并结合指数遗忘算法，可给出未来 0.5~36h 的预测结果。自 1994 年以来，WPPT 一直在丹麦西部电力系统运行。从 1999 年起，WPPT 开始在丹麦东部电力系统运行。

1998 年，美国的可再生能源公司（AWS Truewind）开发了一套风电功率预报系统 eWind。该系统组合了北美 NAM 模式、美国全球预报系统 GFS 模式、加拿大 GEM 模式和美国快速更新循环 RUC 模式等四种模式的输出结果，同时应用多种统计学模型进行准确预测，包括逐步多元线性回归、人工神经网络、支持向量机、模糊逻辑聚类和主成分分析等。该系统在美国 CAISO、ERCOT、NYISO 等电网广泛应用。

（3）2001 年至今：各类技术集中涌现阶段

2001 年，德国太阳能研究所（ISET）开发了风电功率管理系统 WPMS。该系统使用德国气象服务机构（DWD）的 Lokalmodell 模式进行数值天气预报（Numerial Weather Prediction，NWP），以获得的 NWP 数据为输入量，采用人工神经网络（Artificial Neural Network，ANN）计算典型风电场的功率输出，得到输入量与风电场功率输出之间的统计模型，从而利用统计升尺度外推模型计算得到某区域并网总风电功率。WPMS 的预报误差随着预测时长的增加而增加。对于预报时长为 1~8h 的预测结果，单一风电场功率预测逐小时平均误差为 7%~14%，整个区域风电场总功率的预报误差在平滑效应影响下可降低 6% 左右。从 2001 年起该系统一直应用于德国四大输电系统运营商，逐渐发展为一套成熟的商用风电功率预测系统。

2001 年西班牙马德里卡洛斯三世大学开发了 Sipreólico，该系统采用统计学方法，能提前预测未来 36h 的风电功率，具有较高的预测精准性，在 Madeira Island 和 Crete Island 获得成功应用。

2002 年 10 月，由欧盟委员会（European Commission）资助启动了 ANEMOS 项目，该项目致力于发展适用复杂地形和极端天气条件的内陆和海上风能预报系统，共有 7 个国家的 22 个科研机构、大学、工业集团公司等参加了该系统的开发。ANEMOS 基于物理和统计两种模型，实现了较高的预测精度。

2002 年，德国奥尔登堡大学（Universiät OldenBurg）研发了 Previento 系统，由 Energy&Meteo Systems GmbH 公司进行推广。该系统与 Prediktor 系统具有相同的原理，主要改进是提高了 NWP 风速和风向的预测精度，其 NWP 模型采用德国 DWD 的 Lokalmodell 模式，预测时长可达 48h。

2003 年，丹麦 Risφ 可持续国家能源实验室与丹麦技术大学联合开发了新一代短期风电功率预测系统 Zephry，该系统融合了 Prediktor 和 WPPT 的优点，可进行超短期预测和日前预测，时间分辨率为 15min。

2003 年 6 月，由西班牙国家可再生能源中心（CENER）与西班牙能源、环境和技术研究中心（CIEMAT）合作研发的 LocalPred-RegioPred 风电功率预测系统在西班牙的多座风电场运行。其中 LocalPred 模型专门用于复杂地形风电场的功率预测，该模型使用 MM5 中尺度气象模式生产 NWP 数据，并采用 CFD 算法建模计算风电场内的风速变化。RegioPred 是一种基于单一风电场 LocalPred 预测模型的区域风电场预测模型，通过使用聚类算法分析并划分不同特点的区域，对参考风电场的预测结果进行扩展得到区域风电场总功率预测结果。

2005 年，爱尔兰科克大学的 Moehrlen 和 Joergensen 研发的 WEPROG MSEPS 风电功率预测系统成功投入商业化运行，该预测系统包括以下两个主要模型：每 6h 运行一次的数值天气预报系统 WEPROG；使用在线和历史 SCADA 测量数据的功率预测系统 MSEPS。

2008~2012 年间，ANEMOS 的后续延伸项目 ANEMOS. plus 和 SafeWind 在风电功率预测领域产生了一定程度的影响。ANEMOS. plus 受 DG TREN（Transport and Energy）资助，侧重于更好地支撑市场交易以及在更短的时间内整合风能，具有很强的示范性。SafeWind 由 DG Research 资助，侧重于极端事件的预测，包括气象、电力、报价等方面的极端情况。

此外，国外还有一些具有代表性的风电功率预测系统，例如阿根廷风能协会研发的 Aeolus 预报系统、英国 Garrad Hassan 公司开发的 GH Forecaster、法国 Ecole des Minesde Paris 公司开发的 AWPPS，它们在实际应用过程中普遍表现出了优良的预测效果，对于未来风电预测技术的发展具有很好的借鉴意义。表 1.1 总结了国外目前应用较为成熟的风电功率预测系统。

表 1.1 国外风电功率预测系统

时间	预测系统	特点	采用方法	开发者	应用范围
1994	Prediktor	采用高分辨率区域模型，预测时间范围为 3~36h	物理模型	丹麦 Risφ 可持续国家能源实验室	西班牙、丹麦、法国、德国等
1994	WPPT	采用自回归统计方法，将自适应回归最小平方根法与指数遗忘算法相结合，预测短期风电功率	统计模型	丹麦技术大学	丹麦、澳大利亚、加拿大、爱尔兰、瑞典等
1998	eWind	采用区域数值天气预报模式，同时利用多种统计学模型预测风电功率	组合模型	美国可再生能源公司（AWS Truewind）	美国

（续）

时间	预测系统	特点	采用方法	开发者	应用范围
2001	WPMS	利用 NWP 提供的风速、风向、气压等作为输入量，采用 ANN 建模预测	统计模型	德国太阳能研究所（ISET）	德国
2001	Sipreólico	自动适应风电场运行或 NWP 模型的变化，不需要预校准，该系统能提前预测超前 36h 的风电功率	统计模型	西班牙马德里卡洛斯三世大学	Madeira Island、Crete Island 等
2002	ANEMOS	发展适用内陆和海上的风能预报系统，使用多个 NWP 模式	组合模型	欧盟	英国、丹麦、德国、法国等
2002	Previento	结合风电场当地具体的地形、海拔等条件，对气象部门提供的 NWP 结果进行空间细化	组合模型	德国奥尔登堡大学	德国
2003	Zephry	综合 Prediktor 和 WPPT 的优点，当预测时间超过 6h 采用 Prediktor 预测，低于 6h 采用 WPPT 预测	组合模型	丹麦 Risø 可持续国家实验室与丹麦技术大学	丹麦、澳大利亚等
2003	LocalPred-RegioPred	基于自回归模型，采用 CFD 对 NWP 的风速和风向进行微观建模计算	组合模型	西班牙国家可再生能源中心（CENER）与西班牙能源、环境和技术研究中心（CIEMAT）	西班牙、爱尔兰等
2005	WEPROG MSEPS	预测系统包括两个主要模型：每 6h 运行一次的数值天气预报系统和使用在线及历史 SCADA 测量数据的功率预测系统	组合模型	爱尔兰科克大学	爱尔兰、德国、丹麦西部等
2008~2012	ANEMOS. plus and SafeWind	ANEMOS. plus 侧重于更强的示范性，SafeWind 重点对极端天气预报	组合模型	欧盟	爱尔兰、英国、丹麦、德国等

2. 我国发展历程

目前我国从事风电功率预测的科研单位较多，如中国电力科学研究院、华中科技大学、华北电力大学、山东大学、清华大学、湖南大学和华南理工大学等。其中中国电力科学研究院从事风电功率预测研究的时间较长，相关技术储备丰富。

近几年来，这些研究单位研发的风电功率预测系统已经在风电场站和各级调度机构得到了广泛的应用，成为风电接入电力系统后安全、稳定、经济运行的重要保障。

2008 年中国电力科学研究院推出国内第一套商用的风电功率预测系统 WPFS Ver1.0。2009 年 10 月，吉林省、江苏省风电功率预测系统建设试点工作顺利完成；2009 年 11—12 月，西北电网、宁夏电网、甘肃电网、辽宁电网风电功率预测系统顺利投运；2010 年 4 月，以风电功率预测系统为核心的上海电网新能源接入综合系统投入运行，并在国家电网世博企业馆完成展示。该系统目前已经在 23 个省级及以上电力调控机构中应用，预测精度国内领先，并达到国外同类产品水平。

2010 年，北京中科伏瑞电气技术有限公司研发了 FR3000F 系统，能满足电网调度中心和风电场对短期功率预测（未来 72h）和超短期功率预测（未来 4h）的需求，采用基于中尺度数值天气预报的物理方法和统计方法相结合的预测方法，支持差分自回归移动平均（ARIMA）模型、混沌时间序列分析、人工神经网络（ANN）等多种算法。

2010 年，华北电力大学依托国家"863 计划"项目（2007AA05Z428）研发了一套具有自主知识产权的风电功率短期预测系统 SWPPS，该系统相继投入到河北承德红淞风电场、国电龙源川井和巴音风电场使用，超前 6h 的预测归一化均方根误差可以控制在 10%以内。

除此之外，国内主要风电功率预测系统还有清华大学研发的风功率综合预测系统、国网电力科学研究院和南京南瑞集团研发的 NSF 3100 风电功率预测系统。清华大学研发的风功率综合预测系统是首个由气象服务部门提供永久性 NWP 服务的风功率预报系统，NSF 3100 风电功率预测系统目前在华北电网公司、东北电网公司等单位业务化运行，并在内蒙古自治区、江苏省、浙江省、甘肃省等省（自治区、直辖市）的风电场投入运行。表 1.2 为国内目前几种应用较为成熟的风电功率预测系统。

表 1.2　国内风电功率预测系统

时间	预测系统	特点	采用方法	开发者	应用范围
2008	WPFS Ver1.0	采用 B/S 结构，可以跨平台运行；每天 15:00 前预测次日 0:00～24:00 分辨率为 15min 的风电功率，最长预测未来 144h 风电功率	组合模型	中国电力科学研究院	吉林省、江苏省、黑龙江省等 23 个省（自治区、直辖市）
2010	风功率综合预测系统	以气象局 NWP 数据为输入，采用统计模型实现未来 72h 的风电功率预测	组合模型	清华大学	内蒙古自治区

（续）

时间	预测系统	特点	采用方法	开发者	应用范围
2010	SPWF-3000	采用 B/S 结构，针对单风电场不同类型机组进行独立分析建模；系统完全考虑后期风电场扩容情况，具有较好的接口及计算能力	组合模型	北京国能日新系统控制技术有限公司	山西省、广西壮族自治区、河北省、河南省等省（自治区、直辖市）
2010	FR3000F	采用基于中尺度数值天气预报的物理方法和统计方法相结合的预测方法，支持差分自回归移动平均模型（ARIMA）、混沌时间序列分析、人工神经网络（ANN）等多种算法	组合模型	北京中科伏瑞电气技术有限公司	新疆维吾尔自治区、内蒙古自治区、宁夏回族自治区等省（自治区、直辖市）
2011	NSF 3100	包括数据监测、功能预测、软件平台展示三个部分	组合模型	国网电力科学研究院和南京南瑞集团	内蒙古自治区、江苏省、浙江省、甘肃省等省（自治区、直辖市）
2011	SWPPS	可完成风电场未来 72h 的短期功率预测和未来 4h 的超短期预测并向网调上传预测结果	组合模型	华北电力大学	内蒙古自治区、江苏省等省（自治区、直辖市）
2011	WPPS	风电场可根据当地实际情况选择一种效果好的算法模型作为预报的方法	组合模型	湖北省气象服务中心	湖北九宫山风电场
2011	WINPOP	系统采用支持向量机、人工神经网络、自适应最小二乘法等算法进行风电功率预报	组合模型	中国气象局公共服务中心	北京市、南京市等

1.2.2 光伏发电功率预测系统发展历程

1. 国外发展历程

国外较早地开展了光伏功率预测研究并实现了工程化运营。2003 年，法国 Meteodyn 公司成立并开始开展风电、光伏等新能源相关研究。由该公司研发的 Meteodyn PV 软件可以对光伏电站输出功率进行预测，预测精度较高。同时，该软件还具有估算太阳能资源，评估光伏发电年产量，优化光伏板位置，促进能源高效高质量生产的功能。在太阳能资源估算方面，该软件能计算所有使用土地和屋顶的类型，能进行现场适用性分析，能评估任何类型的太阳能电池板和相关设备。在高性能光伏系统设计方面，该软件能对生产和损失做出合理估计，能通过计算面板和障碍物的阴影，分析面板的最佳位置，进而实现多方位光伏配置优化。

丹麦 ENFOR 公司开发的 SOLARFOR 系统是一种基于物理模型和机器学习相结合的自学习自标定软件系统，其将历史输出功率数据、数值天气预报数据、地理信息、日期等要素进行结合，利用自适应的统计模型对光伏发电系统的短期（0—48h）输出功率进行预测。该系统目前已为欧洲、北美洲、大洋洲的很多国家提供了 10 年以上的新能源功率预测与优化服务。

瑞士的日内瓦大学开发的 PVSYST 软件是一套光伏系统仿真模拟软件，具有功能多样、实用性强的特点，可以实现光伏电站输出功率预测，也可用于光伏系统工程设计。PVSYST 软件可分析影响光伏发电量的各种因素，并最终计算得出光伏发电系统的发电量，适用于并网系统、离网系统、水泵和直流系统等。表 1.3 总结对比了国外三种应用较为广泛的光伏功率预测系统。

表 1.3　国外光伏功率预测系统

时间	预测系统	特点	采用方法	开发者	应用范围
2003	Meteodyn PV	对光伏电站输出功率进行预测，估计光伏电站的生产和损失，计算面板和障碍物的阴影，分析面板的最佳位置等	统计模型	法国 Meteodyn 公司	欧洲
2006	SOLARFOR	其将历史输出功率数据、数值天气预报数据、地理信息、日期等要素进行结合，利用自适应的统计模型对光伏发电系统的短期（0—48h）输出功率进行预测	组合模型	丹麦 ENFOR 公司	欧洲、北美洲、大洋洲
2007	PVSYST	用来对光伏发电系统进行建模仿真，分析影响发电量的各种因素，并最终计算得出光伏发电系统的发电量，可应用于并网系统、离网系统、水泵和直流系统等	物理模型	瑞士日内瓦大学	欧洲

2. 我国发展历程

国内从事光伏发电功率预测系统研究的主要有中国电力科学研究院、国网电力科学研究院、华北电力大学、华中科技大学和山东大学等科研机构和高校。

2010 年，由中国电力科学研究院主导研发的"宁夏电网风光一体化功率预测系统"在宁夏电力调控中心上线运行，同期，包含 6 座场站光伏发电功率预测功能的上海世博会"新能源综合接入系统"上线运行，标志着光伏预测技术研究已具规模。2011 年，由国网电力科学研究院研发的光伏电站功率预测系统在甘肃电力调度中心上线运行，与国内首套系统相比，这套系统更加成熟化、精准化，增加了光伏电站辐照强度、气压、湿度、组件温度、地面风速等气象信息采集功能。

2011 年和 2013 年，湖北省气象服务中心先后研发了"光伏发电功率预测预报系统" 1.0 和 2.0 版本，并将其在我国多地进行了推广运行。2011 年，北京国能日新系统控制技术有限公司开发的"光伏功率预测系统（SPSF-3000）"上线运行。2012 年，国电南瑞科技股份有限公司研发了"NSF3200 光伏功率预测系统"，在青海省、宁夏回族自治区等多个省（自治区、直辖市）的光伏电站投入运行，并实现了较高的市场占有率。

2020 年，山东大学电力系统经济运行团队自主研发了"天工"新能源场站功率预测系统，该系统利用团队自主研发的国内高校首套电力专业数值天气预报平台提供的天气预报数据，建立自适应追踪环境变化的高性能新能源功率预测模型，可实现超短期光伏功率预测（未来 15min~4h）、短期光伏功率预测（次日 0 时起至未来 10 天），系统已在山东省东营市王集唐正 400MW 渔光互补电站、潍坊市贾悦恒辉 200MW 光伏电站、济宁市华电鱼台 200MW 水上光伏电站等十余个场站实际运行，取得了优异的预测成绩。

表 1.4 是国内几种应用较为广泛的光伏功率预测系统。

表 1.4   国内光伏功率预测系统

时间	预测系统	特点	采用方法	开发者	应用范围
2011	SPSF-3000	系统具备高精度数值天气预报功能、光伏信号数值净化、高性能时空模式分类器、网络化实时通信、通用电力信息数据接口、神经网络模型等高科技模块，平均预测精度超过 85%	组合模型	北京国能日新系统控制技术有限公司	河北省、江西省等 17 个省（自治区、直辖市）
2012	NSF3200	为用户提供友好的访问界面，支持所有数据的统计分析、用户管理、计划填报、通道报警等功能，预测精度达到国外同类产品水平	组合模型	国网电力科学研究院	青海省、宁夏回族自治区等省（自治区、直辖市）
2013	光伏发电功率预测预报系统 V2.0	预报系统功能模块全面实用，预报原理科学合理，系统适用性强	组合模型	湖北省气象服务中心	甘肃省、青海省等 10 个省（自治区、直辖市）

（续）

时间	预测系统	特点	采用方法	开发者	应用范围
2020	"天工"新能源场站功率预测系统	数值天气预报日更新四次,功率预测模型采用自适应动态建模实现免维护在线更新	组合模型	山东大学	山东省各地市

1.3　风光新能源发电预测意义

1.3.1　新能源发电预测对电力系统安全经济运行的意义

新能源发电预测对电力系统安全经济运行的意义体现在以下两个方面:

1. 短期预测可用于优化常规电源的日发电计划及冷热备用

短期功率预测能够提高风电/光伏出力的可预见性,电力调度部门根据预测结果科学制定日发电计划,减小临时出力调整和计划外启/停机产生的不必要经济损失。高比例的风电/光伏接入,要求系统预留大规模的备用容量,导致系统的经济性降低,利用风电/光伏功率预测结果优化配置备用容量,可大幅降低预留过多备用容量对系统运行经济性的负面影响。此外,调度机构还可根据功率预测结果,将风电/光伏发电纳入最优机组组合,从而在更大程度上优化火电、核电等常规机组的出力,以提高系统运行的经济性。

2. 超短期预测可用于旋转备用容量优化以及电力系统实时调度

超短期功率预测的结果与短期功率预测结果相比,具有更高的预测精度和可信度。调度部门需要根据超短期的预测结果实时调整日发电计划并优化旋转备用,以满足电力系统发电与用电的实时平衡,达到满足系统安全性约束条件下的最佳经济性。

1.3.2　新能源发电预测对电力市场高效运行的意义

新能源发电预测对于电力市场运行的意义体现在以下两个方面:

1. 新能源发电预测为调度端提供参考

风电/光伏新能源发电预测对电力市场运行环境的作用越来越重要,预测精度的高低会对所有市场参与者的经济收益造成影响。风电/光伏新能源发电预测能够为调度端提供参考信息,主要体现在两方面:

1）根据预测结果确定备用市场中需要购买的备用容量,预测精度的高低直接影响着备用容量的需求评估与竞价;

2）在实时市场中,根据每 15min 更新的超短期预测结果在市场中买进或卖出风电/光伏的差额电量，被售出或买入的电量均需由发电企业承担费用，直接影响市场中其他参与者的经济效益。

2. 新能源发电预测是电力企业参与电力市场的基础条件

风电/光伏新能源发电预测对电力企业作用主要体现在：

1）在日前市场中，电力企业根据短期预测结果参与市场竞价，预测结果的好坏直接影响次日各时刻的电量与竞价。若日前市场预测精度较差，则需要在日内市场中付出较为昂贵的代价来补偿；

2）在日内市场中，电力企业根据超短期预测结果不断修正短期预测结果，并调整日前市场中的每小时计划电量，预测精度越高在日内市场中需要买进或卖出的差额电量越少，所支付的费用也越少。此外，日内市场调整后的每小时风电/光伏计划出力与实际出力越接近，在实时市场中需要调度调整的电量越少，企业需要支付的费用也越少。

1.4　本章小结

本章详细介绍了风光新能源发电预测的相关背景，从国内外风电、光伏发展现状出发，总结了功率预测系统的发展历程，最后从电力系统安全经济运行以及电力市场高效运行两个角度，阐述了不同时间尺度风光新能源发电预测的重要意义。

Chapter 2
第2章

风光新能源发电
预测基础

2.1 数值天气预报技术

2.1.1 概述

所谓数值天气预报（Numerical Weather Prediction，NWP），就是在给定初始条件和边界条件的情况下，利用高性能计算机数值求解大气运动基本方程组，由已知的初始时刻大气状态预报未来时刻的大气状态。数值天气预报有两种模式，一种是全球尺度数值气象模式，另一种是中尺度（区域）数值气象模式。

数值天气预报与经典的天气学预报方法不同，其根据大气实际情况，在一定初值和边界条件下，通过数值计算预报未来天气，是一种定量的、客观的预报。首先，数值天气预报需要一个初始时刻的状态作为初始场，初始场一般由常规观测资料以及其他非常规观测资料（雷达观测，船舶观测，卫星观测等）同化而成；其次，数值天气预报要求建立一个能较好反映预报时段（短期的、中期的）的数值预报模式和误差较小、计算稳定、运算较快的计算方法，在此基础上，数值天气预报基于五个基本方程（运动方程、连续方程、状态方程、热力学方程、水汽方程），并根据预报的时空尺度和预报对象对方程组进行简化，使用不同的差分方式进行数值计算；再次，数值天气预报需要基于数值模式的动力框架将物理过程进行参数化以描述不同尺度的天气过程，参数化过程的优化和改进对提升预报准确率起着关键的作用。数值天气预报的基本方程组如下所示：

$$\frac{\mathrm{d}\boldsymbol{V}}{\mathrm{d}t} = -\frac{1}{\rho}\nabla p - 2\boldsymbol{\Omega}\times\boldsymbol{V} + \boldsymbol{g} + \boldsymbol{F} \tag{2.1}$$

$$\frac{\partial\rho}{\partial t} + \nabla\cdot(\rho\boldsymbol{V}) = 0 \tag{2.2}$$

$$p = \rho R T \tag{2.3}$$

$$\frac{\partial T}{\partial t} + V \cdot \nabla T - \frac{RT}{C_p p} \frac{\mathrm{d}p}{\mathrm{d}t} = \frac{Q}{C_P} \tag{2.4}$$

$$\frac{\mathrm{d}q}{\mathrm{d}t} = \frac{\partial q}{\partial t} + V \cdot \nabla q = \frac{S}{\rho} \tag{2.5}$$

2.1.2 全球尺度数值气象模式

全球尺度数值气象模式在空间范围上覆盖整个地球，其目标是求解全球的天气状况。目前世界上较为著名的全球尺度数值气象模式包括美国的 GFS、欧洲的 ECMWF、加拿大的 GEM、日本的 GSM 等，我国的全球尺度数值气象模式主要为 T639 和 GRAPES 模式，目前全球尺度的预报数据已成为各国开展天气预报的主要参考信息。

1975 年成立的欧洲中期天气预报中心是目前全球模式研发水平最高的机构，其全球尺度数值气象模式 ECMWF 的预报技巧演变如图 2.1 所示，包括了北半球和南半球的 3 天、5 天、7 天和 10 天的预报技巧演变曲线，其中预报技巧超过 60% 表示预报结果可用，超过 80% 表示预报准确度很高。从图中可以看到，过去近 40 年间，预报技巧每 10 年就能提高大约 1 天。目前第 6 天的预报准确性水平与 10 年前第 5 天的预报准确性水平相当（1999 年之后北半球和南半球曲线收敛是因为使用了变分方法同化卫星资料）。美国国家环境预报中心（NCEP）的 GFS 模式背景场使用较为广泛，为了在预报精度上追赶 ECMWF 模式，GFS 模式已多次升级，其分辨率和精度都有一定提升。综合来看，全球模式背景场精度的提升是一个较为缓慢的过程。

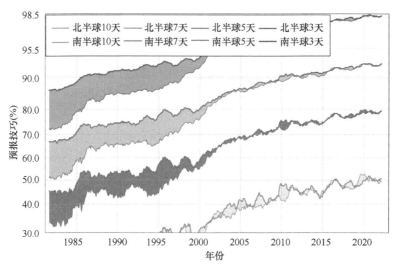

图 2.1 ECMWF 500 百帕（hPa）位势高度要素的预报技巧演变图

中国气象局目前的业务化全球模式为 T639 和 GRAPES。T639 的核心技术引自国外，GRAPES 模式则是我国自主研发的全球模式。目前 GRAPES 模式的各项技术指标已超过 T639 模式，虽然综合指标与国际一流水准尚存一定差距，但部分要素的预报能力已经接近 ECMWF 模式的预报水平。

表 2.1 展示了目前主要的全球模式背景场信息，最高水平空间分辨率均达到了0.25°×0.25° 左右（对于我国所处的经纬度，1° 可近似认为约 100km），其中ECMWF 模式达到了 0.1°×0.1°。但精细化的同时也带来了下载数据量大、下载时间不及时的问题，因此许多机构使用的仍是较低版本的 0.5°×0.5°，甚至是 1°×1°分辨率的背景场数据。

表 2.1　主要的全球模式背景场信息

模式背景场	来源	最高水平空间分辨率	时间分辨率	预报时长
GFS	美国	0.25°×0.25°	1h	16 天
ECMWF	欧洲	0.1°×0.1°	1h	10 天
GEM	加拿大	0.24°×0.24°	3h	10 天
GSM	日本	0.25°×0.25°	3h	11 天
GRAPES	中国	0.25°×0.25°	3h	10 天
T639	中国	0.28°×0.28°	3h	10 天

全球尺度数值气象模式是一个复杂的系统工程，背景场精度的提升需要在动力框架、同化方法、计算方案、参数化方案、软件工程等多个方面取得突破，还需提升计算机的计算速度以进一步提高模式分辨率。此外，还应推动全球各个国家和地区的气象观测数据共享互助，包括增加观测站点数量、提升观测数据质量，以及促进数据共享等。以参数化方案为例，全球模式将越来越重视改进云微物理过程、积云对流过程、陆面过程、地形效应等微尺度物理过程，并且注重大气同陆地之间的耦合效应；以数据同化为例，全球模式将使用四维变分同化、卡尔曼滤波等方法的混合同化，吸收越来越丰富的卫星等观测资料。

2.1.3　中尺度（区域）数值气象模式

如前文所述，全球尺度数值气象模式的水平空间分辨率一般在数十至上百公里量级，由于空间分辨率过低，全球尺度数值气象模式难以体现微地形、微气象引起的风电场、云层和辐照度的精细变化，所以对于风光新能源发电功率预测的应用场景，一般需要使用更为精细化的中尺度（区域）数值气象模式。

中尺度（区域）数值气象模式的水平空间分辨率一般在几公里量级，对云微物理、微地形、陆面过程、边界层过程等物理过程的参数化方案描述更为细致，能够动力解析局地对流过程，且能够高频地同化局地更多卫星、雷达等的观测资料，预报结果较全球尺度数值气象模式更为精确。目前较为著名的中尺度（区域）数值气象模式包括美国的 WRF、MPAS、我国的 GRAPES-MESO 等。

美国国家大气研究中心（NCAR）研发的 WRF 模式是使用最为广泛的中尺度（区域）数值气象模式。通过数十年的研发，WRF 模式具备先进的数值方法和物理过程参数化方案，同时具有多重网格嵌套能力，预报效果较好。WRF 模式的数据同化接口较多，如 WRF-DA、GSI、DART 等主流同化系统均与 WRF 模式有接口，为局地数据同化提供了便利。针对辐照度预报，NCAR 在 WRF 模式的基础上研发了 WRF-Solar 模式，其在气溶胶、云微物理、辐射的交互作用物理参数化方案上做了改进，可同化卫星辐照度、地面辐照度等观测数据。

我国自主研发的 GRAPES-MESO 模式于 2006 年首次在国家气象中心实现了业务化运行和应用，通过不断地改进和发展，其产品作为国家级区域数值预报指导产品向各省（自治区、直辖市）气象台站下发。同时，GRAPES-MESO 模式的专业化和本地化开发与应用也在国家级和一些区域级气象中心展开，目前已在中国气象局实现了 3000m×3000m 水平空间分辨率的业务运行。

不同于全球尺度数值气象模式，中尺度（区域）数值气象模式对于一般的机构或人员来说具备较强的可操作性和较大的提升空间，但是中尺度（区域）气象模式一般需要全球尺度数值气象模式提供背景场数据，其一般运行流程如图 2.2 所示。

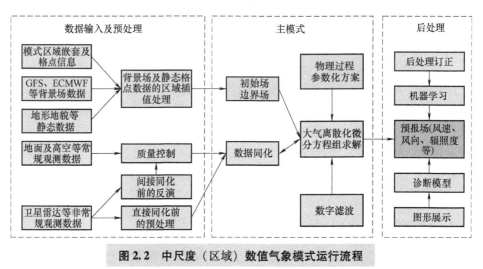

图 2.2　中尺度（区域）数值气象模式运行流程

2.1.4　面向风光新能源发电预测的电力气象预报

目前在电力系统中，以风电与光伏为主的新能源发电占比正在不断提升。新能源发电受气象条件影响较大,存在明显的随机性、波动性与间歇性,大规模接入会给电力系统的安全稳定运行带来严峻的挑战。因此,利用数值天气预报技术构建电力气象预报,实现对风光新能源发电功率的精准预测,可以有效提升电力系统运行的稳定性和抵御极端天气的能力,避免弃风、弃光等资源浪费现象的发生。数值天气预报输出的气象要素多达 200 余种,风光新能源发电预测主要关注与其密切相关的气象要素,如风速(风电)、辐照度(光伏发电)、温度等,对数值气象的空间分辨率要求较高,时间分辨率需与电力机构保持一致。目前面向风光新能源发电预测的电力气象预报以中尺度(区域)数值气象模式为主,以全球尺度数值气象模式为辅,以短期、超短期预测为主,以中长期预测为辅。

通过采用以下方式可进一步提升气象预测的精准性、全面性与稳定性。

1. 数据同化技术

中尺度(区域)数值气象模式的运行需要初始条件和边界条件驱动,对于短期预报来说,初始条件比边界条件更为重要(长期气候预测中,边界条件比初始条件重要),很大程度上决定了短期预报的准确性。数据同化的含义是将观测数据实时吸收进模式,然后在时间和空间格点上对初始场进行校正,以使初始场更加贴近真实。数据同化是提升初始场精度的重要手段之一,具体面向风光新能源发电预测主要包含以下三方面。

(1)利用气象卫星和雷达观测数据进行同化

我国风电场与光伏电站主要分布在三北地区,然而该区域气象部门的观测站点较为稀疏,气象卫星和雷达的观测主要为辐射率或回波强度,利用气象卫星和雷达观测数据,并通过实时同化技术改进区域模式,是提升风速和辐照度等气象预报精度的有效手段之一。对于辐照度,可通过变分的方法直接同化资料,无需反演气象要素,能够较大程度地提升地面水汽、气溶胶、沙尘、云量的初始场精度,进而提升辐照度的预报效果,此种同化方法称为云分析;对于风速预测,云分析的效果并不明显,可通过识别观测资料中特征云和水汽的位置,并逐时刻对其位置进行追踪,以反演出风速和风向,再进行同化以改进风电场预报效果。目前我国常用的卫星数据特征信息见表 2.2。

表 2.2 目前我国常用的卫星数据特征信息

类型	名称/型号	水平空间分辨率 (可见波段)	时间分辨率/每日过境次数
静止气象卫星	中国 FY-2	1.25km	30min
	中国 FY-4	500m	15min
	日本葵花 8	500m	10min

（续）

类型	名称/型号	水平空间分辨率 （可见波段）	时间分辨率/每日过境次数
极轨气象卫星	中国 FY-3	250m	3 次
	欧洲 METOP	1.1km	3~4 次
	美国 NPP	400m	3 次
	美国 NOAA 系列	1.1km	1~4 次
	美国 TERRA	250km	2 次
	美国 AQUA	250km	3 次

（2）利用风电场、光伏电站的测风、测光数据进行同化

风电场和光伏电站一般都建有场站资源观测装置，风电场的标准观测包括了10m、30m、50m、70m、轮毂高度的风速、风向等要素，光伏电站的标准观测包括了总辐射、直射辐射、散射辐射、环境温度、气压、相对湿度等要素，将这些场站观测数据同化进数值模式将有利于提升初始场精度。值得注意的是，如果仅仅同化单一场站的观测数据，那么同化仅能在预报时段的前几个小时起作用，这是由于单一观测点对初始场的校正作用会随着大气的运动"流走"。如果接入更多的场站群的观测数据，同化时效将会延长，且接入场站观测数据越多、涉及空间范围越广，同化时效越长。

（3）快速循环更新

数值模式定期更新的背景场中不包含云和水汽信息，在启动一段时间后云和水汽才由参数化方案逐渐生成，在下一次启动时刻云和水汽信息将会被清除，不利于模式对辐照度的预报。快速循环更新是解决该问题的常用手段，即降低模式背景场的更新频率，如每三天更新一次，其间的常规启动不再使用背景场，改为使用上一次预报的预报场，以此方式保留上一次预报的云和水汽信息，无需再由参数化方案生成，有利于提高辐照度的预报精度和减少计算时间。

2. 集合预报技术

数值天气预报对初始场误差具有较强的敏感性，微小的初始误差在数值积分过程中将被逐渐增大，集合预报可在一定程度上缓解该问题。集合预报的技术路线有：

1）初值扰动方法，即通过对初始条件进行扰动，得到同时刻的一系列初值成员，再分别向前进行集合预报，较为成功的初值扰动方法有蒙特卡罗法、滞后平均法、增长模繁殖法、奇异向量方法、观测扰动法、集合变换卡尔曼滤波方法等。

2）模式扰动方法，即从物理过程出发，通过引入随机扰动来综合考虑次网格物理过程的不确定性，构建多个参数化方案组合成员进行集合预报，在理论和应用上更具优势，包括 SPPT 方案、随机参数扰动方案等。

在选取集合预报成员时，各成员预报评分应比较接近，且各成员的整体离散度较高，以有效代表预测不确定性的范围。集合平均预报是集合预报的一个典型应用，即初始条件不同、数值模式不同或参数化方案不同，但区域和时间段相同的多个预报结果的平均值。此外，也可通过依赖初始误差密度函数和模式不确定性，基于集合预报结果提供预报量或预报场的概率分布信息，便于用户做出更合理的决策。

3. 物理过程参数敏感性分析

风速和辐照度分别是影响风电和光伏出力的最关键的气象因素，对数值模式的物理过程参数进行敏感性分析是提升风速和辐照度预测精度的常用手段之一。以中尺度（区域）数值气象模式中的 WRF 模式为例，主要的物理过程参数包括：云微物理过程、积云对流、长波辐射、短波辐射、行星边界层、陆面过程等，具体描述如下：

1）云微物理过程：云微物理过程是微观云粒子（云滴、冰晶）的形成、转化和聚合增长的过程。Lin 方案和 Rutledge-Hobbs 方案奠定了云微物理过程参数化方案的基础，目前的主流方案有暖云方案、简单冰相方案、复杂混合相云方案等。

2）积云对流：积云对流是积云内的对流运动，是大气受热不均匀造成密度水平差异而引起的小尺度局地热对流。在其发展过程中还受大气层结、凝结潜热释放、云内/外空气的混合（夹卷过程）、环境气流状况等的重要影响。目前的主流积云参数化方案有抽吸式方案、对流方案、郭氏参数化方案、质量通量方案等。

3）长波辐射：长波辐射是大气发射的能量中波长在 $4\sim120\mu m$ 范围内的辐射。目前的主流参数化方案有 RRTM 长波辐射方案、GFDL 长波辐射方案等。

4）短波辐射：短波辐射是波长短于 $3\mu m$ 的电磁辐射，其在地表能量的平衡中起着重要作用。目前的主流参数化方案有 Dudhia 短波辐射方案、Goddard 短波辐射方案、GFDL 短波辐射方案等。

5）行星边界层：行星边界层又称大气边界层，是旋转地球大气的湍流边界层，其厚度从几百米至 $1500\sim2000m$，平均为 $1000m$，因其包围旋转的地球（行星）而得名。其基本特征为：湍流黏性有不小于地转偏向力（科里奥利力）或气压梯度力的量级、运动充分湍流化。目前主流的参数化方案有 MM5 相似理论方案、ETA 相似理论方案、MRF 边界层方案、YSU 边界层方案等。

大量文献研究表明，对于风速预报，行星边界层和陆面过程参数化方案的选取对预报结果的精度具有明显的影响，而对于短波辐射预报，云微物理过程和积云对流物理过程参数化方案的确定则是主要影响因素。因此在实践过程中，可根据面向风电功率预测和光伏功率预测的不同需求，针对性地设计敏感性分析试验，确定最优物理过程参数方案组合，以节约时间和提升效率。

4. 预测结果后处理误差订正

对于业务化运行的中尺度（区域）数值气象模式来说，相同或近似天气类型下的背景场输入数据相似性较高，因此各模式的预报结果也往往较为接近，导致相似天气类型下的系统性偏差将会不断"重现"。进而，在具备一定规模的气象观测数据后，可建立预报模式的统计后处理误差订正模块。具体地，利用人工神经网络、卡尔曼滤波等统计方法，通过分析历史天气类型下预测误差和诊断当前天气形势，对当前的风速、辐照度等关键气象因子的预报结果进行误差订正，以提高预报准确性。此外，针对微地形引起的风速变化，可使用 CALMET、WAsP、WindSim 等精细化流场诊断工具通过加速因子对风速预报结果进行订正。这些诊断模式的地形分辨率可达几十到几百米量级，采用线性或非线性流体力学的风电场计算方法，可有效改善由微地形引起的风速预报偏差。

2.2 风光新能源发电预测分类

2.2.1 时间尺度分类

1. 超短期功率预测

根据国家标准 GB/T 40607—2021《调度侧风电或光伏功率预测系统技术要求》，超短期功率预测是指预测风电场或光伏电站未来 15min 到 4h 的有功功率，时间分辨率为 15min，要求每 15min 滚动上报预测数据。超短期功率预测主要用于旋转备用优化配置和电力系统实时调度，在电力市场环境下也为发电企业的市场行为决策提供参考依据。超短期功率预测技术主要关注功率和气象的复杂相依性以及功率序列的时序自相关性，用到的模型主要有自回归滑动平均模型、支持向量机和人工神经网络等。

2. 短期功率预测

国家标准 GB/T 40607—2021 对短期功率预测也有相关技术要求，标准规定短期预测是指预测风电场或光伏电站次日零时起到未来 72h 的有功功率，时间分辨率为 15min，要求每日至少上报两次。短期功率预测主要用于机组组合确定、日前发电计划制订以及冷热备用优化配置，电力市场环境下短期功率预测也被用于市场竞价或备用采购。数值天气预报是短期功率预测重点考虑的影响因素，常用的短期功率预测模型有支持向量机、极端梯度提升树、深度学习等。

3. 中期功率预测

国家标准 GB/T 40607—2021 规定的中期功率预测是指预测风电场或光伏电站次日零时起到未来 240h（10 天）的有功功率，时间分辨率是 15min，要求每日至少上报两次。中期功率预测将短期预测的时长从未来 3 天延伸至未来 10 天，可以用于场站侧合理安排检修计划，能够有效支撑调度侧更长尺度调度计划的制订。目前中期功率预测的针对性研究还较少，随着预测时长的延长，数值天气预报的精准性和可用性逐渐降低，成为限制中期功率预测精度的主要原因。

4. 长期电量预测

长期电量预测前瞻时长进一步延伸，国家标准 GB/T 40607—2021 规定长期电量预测是预测风电场或光伏电站未来 12 个月的逐月电量以及总电量。在数值气象上，长期电量预测需要中长期气候预测提供基础数据支撑。此外，季节波动特性也是长期电量预测考虑的因素之一。

2.2.2　空间尺度分类

1. 单机功率预测

单机功率预测是空间尺度最小的功率预测，其以单个发电单元，如风机、光伏组件为研究对象进行功率预测，通常采用物理建模或统计分析的方法进行预测，预测结果常用于内部频率或电压控制以及设备健康监测与评估。对于风电场内部风机来说，在预测时需要考虑尾流效应对风机输出功率的影响。

2. 场站级功率预测

场站级功率预测是针对单个新能源发电场站，如单个风电场或光伏电站进行整体出力的预测。对于运行数据积累充足的风光场站来说，通常采用统计方法进行预测。对于风电场，整体功率建模可以忽略风机分布导致的尾流效应等问题，相比单机预测难度有所降低，精度也有一定程度的提升。并网风光场站需配置一套功率预测系统，按要求定时向调度机构上报不同时间尺度的功率预测结果，并接受调度机构的精度考核。

3. 集群级功率预测

集群级功率预测是对更大空间范围内多个新能源发电场站组成的发电集群进行整体出力的预测。由于天气系统具有时空连续性，临近场站的输出功率之间存在强烈的时空相关性，成为提升集群级功率预测精度的重要因素。因此相比场站级功率预测，集群级功率预测可利用的信息量更多，同时也带来了数据冗余现象突出的问题。事实上对于电力调度机构，一片区域总的新能源发电功率情况更值得关注，目前常用的集群功率预测方法主要有累加法、空间资源匹配法、统计升尺度法等。

4. 分布式功率预测

随着分布式发电尤其是分布式光伏发电装机容量的不断提升，其强随机性和波动性对电力系统安全经济运行的影响不断加深。提前准确掌握分布式发电的功率信息能够在一定程度上缓解其大规模并网带来的冲击。目前我国分布式发电以分布式光伏为主，其空间分布范围广泛，且计量设备不足，数据缺失严重，难以直接移植集中式场站预测方法。目前针对分布式功率预测的研究较少，现有研究思路有聚类统计法和网格预测法等。

2.2.3 预测模型分类

1. 物理模型

物理模型是基于数值天气预报结果，采用物理计算或模型仿真的方式将其转换为发电功率的方法。物理预测模型的优点是不需要历史运行数据的支持，适用于新建风光场站，同时可以对涉及的各物理过程进行分析，并根据分析结果优化预测模型。缺点是对初始信息带来的系统误差非常敏感，模型参数过于理想化，物理原理复杂且技术门槛较高。

对于风电功率预测，物理预测方法首先引入数值天气预报数据，经过理论公式处理后得到风机轮毂高度处的风速、风向，然后利用风速-功率转化曲线得到风机的输出功率预测值，最后考虑风电场的尾流效应累加，得到风电场整体的功率预测值。

对于光伏功率预测，物理预测方法首先利用数值天气预报提供的辐照度预报数据，经过预处理后结合光伏电站的地理位置及光伏电池板倾角等信息，采用太阳位置模型得到光伏电池板接收的有效辐照强度，然后通过构建光伏转换效率物理模型，将光伏电池的有效辐照强度转化为输出功率，进而累加获得整个光伏电站的输出功率预测结果。

2. 统计模型

统计模型不考虑新能源发电的物理过程，其直接从数据出发，通过一种或多种算法建立数值天气预报、历史功率数据与待预测时段功率数据之间的映射模型。风光新能源发电预测中常用的统计方法主要有持续法、自回归移动平均法。此外，近些年涌出的机器学习、深度学习等人工智能模型的本质也为统计模型，为了更好地区分，本书后续内容的统计模型特指基础的统计方法。统计模型优点是直接从数据出发，简洁方便，不需要考虑复杂的物理原理即可直接得到新能源发电功率的预测结果，缺点是需要大量历史运行数据作为模型的训练样本，难以适用于缺乏数据积累的新建风光场站。

3. 组合模型

在实际的应用中，不同原理的模型通常展现出不同的优势，同时也不可避免地存在相应的缺陷，即不存在某一种预测模型能在各种应用场景下都优于其他预测模型。在此背景下，研究人员提出了组合模型，通过选取多个子模型，采取合理的策略对子模型的预测结果进行加权组合，以充分融合各子模型的优势，能够有效地提高预测结果的鲁棒性与精准性。

2.2.4 预测形式分类

1. 单值预测

单值预测（也称为点预测、确定性预测）是指通过构建预测模型对未来风光新能源发电功率的期望值进行预测，预测结果为具体的点值。单值预测方法简单，便于分析数据，目前仍然是应用于电力调度机构的主流预测形式。

2. 概率预测

概率预测的功率预测结果形式是一个概率分布或者一定置信度下的区间。受数值天气预报误差、量测数据质量、预测模型缺陷等因素影响，单值预测不可避免地会产生预测误差，在此基础上就提出了概率预测，用于度量预测不确定性，在功率预测期望值的基础上提供预测误差的不确定性信息，可为电力调度机构优化决策提供更为全面的信息。

3. 爬坡事件预测

新能源发电功率在短时间内发生的大幅度变化被称作爬坡事件。爬坡事件会导致电力系统发用电不平衡，易造成电网频率波动、电能质量恶化，严重威胁电网安全运行，甚至会导致切负荷或大面积停电等事故，造成重大经济损失。实现对爬坡事件的精准量化与准确预警，对辅助调度部门优化机组出力、合理配置备用、缓解功率剧烈波动对电网的冲击、增强系统运行的安全稳定性具有重要意义。

爬坡事件预测方法可分为间接法和直接法两类。间接法首先对新能源发电功率曲线进行预测，然后根据爬坡定义进行事件的检测与识别。然而功率预测方法为了降低整体预测误差，往往会忽略极端样本，从而造成部分爬坡信息的损失，引发爬坡事件的漏报。与之相比，直接法无功率预测环节，通过建立相关因素与爬坡事件之间的映射关系来预测爬坡事件，具有较好的捕捉与识别能力。

2.3 风光新能源发电预测基础模型

2.3.1 物理模型

1. 风电功率预测物理模型

风电功率预测最先采用的是物理方法，早期的物理方法类似欧洲风图集的推理，经过近几十年的发展，物理方法获得了较大的发展。风电功率物理预测方法技术路线如图2.3所示，主要包括数值天气预报数据引入、考虑风电场区域粗糙度和地形变化的风机轮毂高度处风速、风向获取以及风速-功率转化三个技术环节。

数值天气预报数据引入环节包括：选取与风机轮毂高度临近的数值天气预报层高的风速和风向；引入数值天气预报中的气温和气压对风机的标准功率曲线进行修正。

风机轮毂高度处参考风速、风向获取环节较为复杂。由图2.3可知主要包括对数风廓线模型、地转拖曳定律、粗糙度变化模型和地形变化模型。

（1）对数风廓线模型

对数风廓线用于描述中性近地面层中风速随高度变化的情况，可求取不同高度

的风速，是广泛采用的一种风廓线。中性层结下的风廓线为

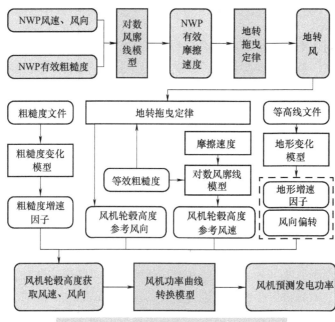

图 2.3 风电功率物理预测方法技术路线

$$\frac{\overline{u}}{u_*} = \frac{1}{\kappa}\ln\frac{z}{z_0} \tag{2.6}$$

式中，$\overline{u}$ 为获得的指定高度 z 下的平均风速；u_* 为具有速度量纲的非负常数，称为摩擦速度，近地面层摩擦速度不随高度变化；κ 为卡门常数，其数值大约在 0.30 ~ 0.42 之间，一般取 0.40；z_0 为地表粗糙度，对应平均风速为 0 的高度。已知层高 z_1 处的平均风速 $\overline{u}_1$，层高 z_2 处的平均风速 $\overline{u}_2$，z_0 可通过下式计算获得：

$$\frac{\overline{u}_2}{\overline{u}_1} = \frac{\ln z_2 - \ln z_0}{\ln z_1 - \ln z_0} \tag{2.7}$$

（2）地转拖曳定律

根据准地转近似，可将大尺度系统下由简化运动方程计算得到的地转风作为自由大气中实际风的近似，若忽略热成风的作用，可认为地转风在大尺度系统中保持不变，且维持水平匀速直线运动。地转风在大尺度系统中保持不变的特点，使得地转风可作为联系大气边界层中不同位置风速、风向的桥梁。根据地转拖曳定律，可建立地转风与近地面层特征量摩擦速度 u_* 与地表粗糙度的关系公式：

$$G = \frac{u_*}{\kappa}\sqrt{\left[\ln\frac{u_*}{fz_0} - A\right]^2 + B^2} \tag{2.8}$$

式中，G 为地转风；f 为地转参数，取值与经纬度有关，中高纬度地区可设为 10^{-4}s^{-1}；经验常数 A 和 B 依赖于大气层结稳定度，在中性层结下有 $A=1.8$，$B=4.5$。地转风与地表风的风向存在夹角，其正弦值可计算为：$\sin\alpha=-(Bu_*)/(\kappa|G|)$。

若已知某未知处的风速、风向，并获得了该区域的有效粗糙度，则可根据式（2.6）求得摩擦速度 u_*，进而由式（2.8）求得地转风。在地转风大尺度范围内保持不变的假设前提下，可进一步由地转风求得风电场内任意位置的风速和风向。

（3）粗糙度变化模型

在实际中，利用地转风推导风机轮毂高度风速和风向需考虑风电场内地表粗糙度变化的影响，该过程可通过对数风廓线体现，使研究位置处的风速表现为不同对数风廓线在不同层高下的拼接，如图 2.4 所示。

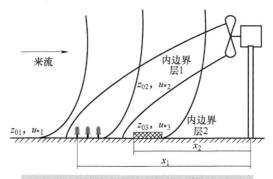

图 2.4 粗糙度变化下对数风廓线示意图

假设上游未受干扰来流经过两次粗糙度变化扰动后到达风机所在位置，x_1 和 x_2 分别为引起第 1 次和第 2 次粗糙度变化的物体到风机的距离，此时，风机轮廓线应由 3 个部分拼接而成，分别为对应粗糙度 z_{01}、摩擦速度 u_{*1} 的 $u_1(z)$，对应粗糙度 z_{02}、摩擦速度 u_{*2} 的 $u_2(z)$，以及对应粗糙度 z_{03}、摩擦速度 u_{*3} 的 $u_3(z)$。根据实验观测与仿真分析，流经变化粗糙度的下风向风廓线公式可描述为

$$u(z)=\begin{cases} u'\left(\ln\dfrac{z}{z_{01}}\Big/\ln\dfrac{0.3h}{z_{01}}\right) & z\geq0.3h \\[3mm] u''+(u'-u'')\left(\ln\dfrac{z}{0.09h}\Big/\ln\dfrac{0.3}{0.09}\right) & 0.09h\leq z<0.3h \\[3mm] u''\left(\ln\dfrac{z}{z_{02}}\Big/\ln\dfrac{0.09h}{z_{02}}\right) & z<0.09h \end{cases} \quad (2.9)$$

式中，z_{02} 为风机位置的粗糙度；z_{01} 为初始来流的粗糙度；$u'=\dfrac{u_{*1}}{\kappa}\ln\dfrac{0.3h}{z_{01}}$，$u''=\dfrac{u_{*2}}{\kappa}\ln$

$\dfrac{0.3h}{z_{02}}$，其中 u_{*1} 和 u_{*2} 分别为 z_{01} 和 z_{02} 对应的摩擦速度；h 为内边界层高度，由下式计算确定：

$$\frac{h}{z_0'}\left(\ln\frac{h}{z_0'}-1\right)=0.9\frac{x}{z_0'} \tag{2.10}$$

式中，$z_0'=\max(z_{01},z_{02})$，x 为粗糙度变化位置与研究位置的距离。粗糙度与摩擦速度的关系为

$$\frac{u_{*2}}{u_{*1}}=\frac{\ln\dfrac{h}{z_{01}}}{\ln\dfrac{h}{z_{02}}} \tag{2.11}$$

根据以上结果，进而根据风电机组地理位置、内边界层高度 h 以及风电机组轮毂高度，可由式（2.8）得到粗糙度变化影响下风电机组轮毂高度处风速。

（4）地形变化模型

地形变化主要影响边界层风速变化，其对边界层的影响可认为是相对于上风向未受扰对数风廓线的一个小扰动，并可将地形扰动下的受扰边界层分为内外两层。

对于边界层外层，其在地形扰动下的流场变化可按照势流理论求解；对于边界层内层，其变化为非线性惯性力项与湍流摩擦力共同作用的结果，因此流场扰动随高度按对数风廓线变化。

风速-功率转化环节通过风机功率曲线实现，风机功率曲线有标准功率曲线和实际功率曲线两种。如果风电场具备经专业机构测试的实际功率曲线，则应采用实际功率曲线，如不存在实际功率曲线，则需采用理论功率曲线。理论功率曲线是在标准空气密度下给出的，需根据预测的气温和气压对其进行修正，修正公式如下式所示：

$$\rho=\frac{MP}{RT} \tag{2.12}$$

式中，ρ 为空气密度；M 为气体摩尔质量；P 为气压；R 为比例常数；T 为气体的热力学温度。

2. 光伏功率预测物理模型

光伏功率预测的物理方法即根据光伏发电的物理原理和光电转换效率来确定光伏电站的输出功率。首先利用数值天气预报等提供的辐照度预报值，经过预处理后结合光伏电站的地理位置及光伏电池板倾角等信息，采用太阳位置模型得到光伏电池板接收的有效辐照强度；然后利用构建的光电转换效率模型，将光伏电池板接收的有效辐照强度转化为输出功率；最终经过全场累加获得整个光伏电站的输出功率预测结果。

光电转换效率模型是整个物理预测过程的关键，需要建立经验公式并合理地确

定经验参数。光伏电池组件输出直流功率为

$$P(t) = \eta A I \tag{2.13}$$

式中，$P(t)$ 为输出功率；η 为光电转换效率；A 为光伏电池组件的总面积；I 为太阳有效辐照度。

光电转换效率的常用模型有以下四种，在实际预测过程中，可根据情况合理选择：

1）常系数效率模型：

$$\eta = \eta_{\text{STC}} \tag{2.14}$$

式中，η_{STC} 为常量，根据材料取不同的数值。

2）考虑温度影响的模型：

$$\eta = \eta_{\text{STC}} \left[1 - \beta (T - 25\text{℃}) \right] \tag{2.15}$$

式中，T 为环境温度；β 为常量，取值范围为 $0.003 \sim 0.005$。

3）考虑太阳辐射和温度的模型：

$$\eta(I, T) = (a_1 + a_2 I + a_3 \ln(I)) \left[1 - \beta (T - 25\text{℃}) \right] \tag{2.16}$$

式中，$a_1 \sim a_3$ 为经验参数，可由最小二乘法拟合求解。

4）考虑太阳辐射、温度、大气质量影响的模型：

$$\eta(I, T, \text{AM}) = p \left[q \frac{I}{I_0} + \left(\frac{I}{I_0} \right)^m \right] \times \left[1 + r \frac{T}{T_0} + s \frac{\text{AM}}{\text{AM}_0} + \left(\frac{\text{AM}}{\text{AM}_0} \right)^n \right] \tag{2.17}$$

式中，AM 为大气质量；p、q、m、r、s、n 为经验参数，可通过不同工况测试得到。

2.3.2　统计模型

1. 持续法

新能源发电功率序列在短时间内往往表现出一定的时序惯性，即临近时刻的功率在数值上较为相近。基于此特性，持续法将前一时刻的量测功率直接作为未来时刻的功率预测值。持续法模型简单直接，在气象变化平稳时具有优异的预测表现，然而当气象波动较大时预测精度将受到较大的影响。

2. ARIMA 模型

差分自回归移动平均（Autoregressive Integrated Moving Average，ARIMA）模型，是对自回归移动平均（Auto Regression Moving Average，ARMA）模型的改进。ARMA 模型适用于平稳非白噪声序列的数据，然而在实际应用中所面临的数据大多为非平稳数据，因此需要在 ARMA 模型的基础上结合差分运算进行改进，即为ARIMA 模型。

ARMA 模型可以近似表示为

$$Y_t = \beta_0 + \beta_1 Y_{t-1} + \beta_2 Y_{t-2} + \cdots + \beta_p Y_{t-p} + \varepsilon_t + \alpha_1 \varepsilon_{t-1} + \alpha_2 \varepsilon_{t-2} + \cdots + \alpha_q \varepsilon_{t-q} \tag{2.18}$$

式中，β_1、β_2、$\cdots$、β_p，α_1、α_2、$\cdots$、α_q 为常数；$\{\varepsilon_t\}$ 为白噪声序列。称时间序列 $\{Y_t\}$ 为服从 (p, q) 阶的移动平均模型，简称为 ARMA(p, q)，或者记为 $\varphi(B) Y_t = \theta(B) \varepsilon_t$，

其中 $\varphi(B)=1-\beta_1 B-\beta_2 B^2-\cdots-\beta_p B^p$ 称为滞后算子多项式，同理，$\theta(B)=1+a_1 B+a_2 B^2+\cdots+a_q B^q$。

通常来说，产生时间序列的某一随机过程可以由三部分组成，如下式所示：

$$Y_t=f_t+P_t+X_t \tag{2.19}$$

式中，f_t 为趋势项；P_t 为周期项；X_t 为随机项。当 f_t 和 P_t 为变量时，表明时间序列为非平稳随机过程。

实际中存在的随机过程大多为非平稳随机过程，ARMA 模型的平稳条件是方程 $\varphi(B)=0$ 的根必须位于单位圆外。对于非平稳时间序列，需先利用差分方法将其平稳化。非平稳时间序列 $\{Y_t\}$ 进行一阶有序差分后如下所示：

$$\nabla Y_t=(1-B)Y_t=Y_t-Y_{t-1} \tag{2.20}$$

经过 d 阶差分后公式为

$$\nabla^d Y_t=(1-B)^d Y_t \tag{2.21}$$

则原 ARMA 模型 $\varphi(B)Y_t=\theta(B)\varepsilon_t$ 经过 d 阶差分后可表示为

$$\varphi(B)\nabla^d Y_t=\theta(B)\varepsilon_t \tag{2.22}$$

即 ARIMA 模型 (p,d,q)。

建立 ARIMA 模型的步骤包括平稳性检验、非白噪声检验、模型定阶以及最后的预测，其中模型定阶的常用方法有：残差-方差图定阶法、自相关函数和偏自相关函数定阶法、F 检验定阶法以及最佳准则函数法。

2.3.3 机器学习与人工智能模型

1. 支持向量机

支持向量机（Support Vector Machine，SVM）是一种监督学习模型，广泛应用于各种分类问题和回归问题。支持向量机的决策目标是寻找一个能最大化训练样本分类间距的超平面。当样本线性可分时，支持向量机可直接在原空间寻找最优分类超平面；当样本线性不可分时，支持向量机利用非线性映射将低维度空间的输入样本映射到高维度空间，使其变为线性可分，并引入松弛变量，进而在该高维空间中寻找最优分类超平面。相比于逻辑回归和神经网络，支持向量机在学习复杂非线性方程时提供了一种更为清晰、更加强大的思路。

给定训练样本集 $\{(x_i,y_i),i=1,2,\cdots,N,x_i\in R_n,y_i\in R\}$，支持向量机的工作原理是寻找一个非线性映射 $\phi(x)$，将数据 x 映射到高维特征空间 F 中，并在该高维特征空间 F 中利用以下估计函数 $f(x)$ 进行线性回归：

$$f(x)=[\omega\phi(x)]+b,\phi:R^m\rightarrow F,\omega\in F \tag{2.23}$$

式中，ω 为权重向量；b 为偏置值。其函数逼近问题等价于如下函数最小化：

$$R_{\text{reg}}[f]=R_{\text{emp}}[f]+\lambda\|\omega\|^2=\sum_{i=1}^{s}C(e_i)+\lambda\|\omega\|^2 \tag{2.24}$$

式中，$R_{\text{reg}}[f]$ 为期望风险；$R_{\text{emp}}[f]$ 为经验风险，且 $R_{\text{emp}}[f] = \sum\limits_{i=1}^{s} C(e_i)$；$\lambda$ 为常数。

通过构造损失函数并基于结构风险最小化的思想，支持向量机构建如下优化问题来确定模型参数：

$$\begin{cases} \min\left\{ \dfrac{1}{2}\|\omega\|^2 + C\sum\limits_{i=1}^{n}(\xi_i^* + \xi_i) \right\} \\ y_i - \omega\phi(x) - b \leqslant \varepsilon + \xi_i^* \\ \omega\phi(x) + b - y_i \leqslant \varepsilon + \xi_i \\ \xi_i,\xi_i^* \geqslant 0 \end{cases} \quad (2.25)$$

式中，C 为用来平衡模型复杂项和训练误差项的惩罚参数；ξ_i^*、ξ_i 为松弛因子；ε 为不敏感损失函数。该问题可转化为以下对偶问题：

$$\begin{cases} \max\left[-\dfrac{1}{2}\sum\limits_{i,j=1}^{n}(a_i^* - a_i)(a_j^* - a_j) \right] K(x_i,x_j) + \\ \sum\limits_{j}^{i} a_i^*(y_i - \varepsilon) - \sum\limits_{i=1}^{n} a_i(y_i - \varepsilon) \\ \text{s.t.} \sum\limits_{i=1}^{n} a_i = \sum\limits_{i=1}^{n} a_i^* \\ 0 \leqslant a_i^* \leqslant C, 0 \leqslant a_i \leqslant C \end{cases} \quad (2.26)$$

式中，a_i 与 a_i^* 为拉格朗日乘子；$K(x_i,x_j)$ 为核函数，求解式（2.26）可得到支持向量机回归函数为

$$f(x) = \sum\limits_{i=1}^{n}(a_i - a_i^*)K(x_i,x) + b \quad (2.27)$$

根据支持向量机回归函数的性质，只有少数 $a_i^* - a_i$ 不为零，这些参数对应的向量成为支持向量，向量机回归函数 $f(x)$ 完全由其决定。核函数可以用原空间中的函数实现，无需了解该非线性变换的具体形式，常用的核函数有如下几种：

1）多项式核函数：

$$K(x,y) = (xy+1)^d, d \geqslant 1 \quad (2.28)$$

2）径向基核函数：

$$K(x,y) = \exp\left[-\frac{\|x-y\|^2}{\sigma^2} \right] \quad (2.29)$$

3）Sigmoid 核函数：

$$K(x,y) = \tanh\left[b(xy)+\theta \right] \quad (2.30)$$

2. 极限学习机

极限学习机（Extreme Learning Machine，ELM）是一种单隐含层前馈神经网络

模型。相比于传统的神经网络模型，极限学习机结构简单，不用设置学习率，具有学习速度快、训练误差小、泛化能力强的优点。

给定训练集样本 $\{(\boldsymbol{x}_i,\boldsymbol{y}_i),i=1,2,\cdots,N,\boldsymbol{x}_i\in\mathrm{R}^n,\boldsymbol{y}_i\in\mathrm{R}\}$，ELM 的隐含层单元个数为 k，激活函数为 $g(\cdot)$，则 ELM 的输出模型为

$$O_i=\sum_{j=1}^{k}\boldsymbol{\beta}_jg(\boldsymbol{a}_j\boldsymbol{x}_i+\boldsymbol{d}_j) \tag{2.31}$$

式中，$\boldsymbol{\beta}_j$ 为连接第 j 个隐含层节点和输出节点的权重；$\boldsymbol{a}_j$ 为连接第 j 个隐含层节点和输入节点的权重向量；$\boldsymbol{d}_j$ 为第 j 个隐含层节点的偏置矩阵；$g(\cdot)$ 为激活函数。

ELM 模型的待训练参数包括 a_j、β_j、d_j，在训练过程中满足下式：

$$\sum_{j=1}^{k}\boldsymbol{\beta}_jg(\boldsymbol{a}_j\boldsymbol{x}_i+\boldsymbol{d}_j)=\boldsymbol{y}_i \qquad i=1,2,\cdots,N;j=1,2,\cdots,k \tag{2.32}$$

该过程可由矩阵表示为

$$\boldsymbol{H\beta}=\boldsymbol{Y} \tag{2.33}$$

$$\boldsymbol{H}=\begin{pmatrix}g(a_1x_1+d_1) & \cdots & g(a_kx_1+d_k)\\ \vdots & & \vdots\\ g(a_1x_N+d_1) & \cdots & g(a_kx_N+d_k)\end{pmatrix}_{N\times k} \tag{2.34}$$

从而，连接权重 $\boldsymbol{\beta}$ 可通过最小化 2-范数 $\min\limits_{\beta}\|\boldsymbol{H\beta}-\boldsymbol{Y}\|$ 得到，即

$$\boldsymbol{\beta}=\boldsymbol{H}^+\boldsymbol{Y} \tag{2.35}$$

式中，$\boldsymbol{H}^+$ 为隐含层输出矩阵 $\boldsymbol{H}$ 的 Moore-Penrose 广义逆矩阵。

综上所述，极限学习机的具体建模步骤为

1）确定激活函数 $g(\cdot)$ 以及隐含层单元个数 k。

2）随机生成权重矩阵 $\boldsymbol{a}_j$ 以及隐含层偏置矩阵 $\boldsymbol{d}_j$。

3）根据已知量求得隐含层输出矩阵 $\boldsymbol{H}$ 及其摩尔-彭罗斯（Moore-Penrose）广义逆矩阵。

4）根据式（2.35）求出连接权重 $\boldsymbol{\beta}$。

3. BP 神经网络

BP 神经网络是一种由具有自适应性的简单单元构成的广泛并行互联的网络，它的组织结构能够模拟生物神经系统对真实世界所做出的交互反应。神经网络的一般结构包括输入层、隐藏层和输出层，各层之间都采用全连接的形式。全连接的本质为矩阵、向量相乘，仍然是线性变换的过程，为了提高神经网络的非线性拟合能力，往往在输出层中增加激活函数。以单隐含层神经网络为例，其架构可用下式表示：

$$H=f(U*I+b^I) \tag{2.36}$$

$$Y=g(V*H+b^H) \tag{2.37}$$

$$O=\sigma(Y) \tag{2.38}$$

式中，I 为神经网络的输入向量，H 为隐藏向量；Y 为激活前输出向量；O 为输出向量；f、g 和 σ 为激活函数；U 和 V 为权重矩阵，b^I 和 b^H 为偏置向量，$*$ 为矩阵乘法算子。

BP 神经网络中常用的激活函数有 Sigmoid、Tanh 和 Relu 函数：

1）Sigmoid 函数：

$$f(x) = \frac{1}{1+e^x} \tag{2.39}$$

2）Tanh 函数：

$$f(x) = \frac{e^x - e^{-x}}{e^x + e^{-x}} \tag{2.40}$$

3）Relu 函数：

$$f(x) = \max(0, x) \tag{2.41}$$

给定包含 N 个样本的训练集，可根据神经网络输出的预测结果 O 和真实值 Z 构建损失函数如下：

$$E = \sum_{i=1}^{N} (Z_i - O_i)^2 \tag{2.42}$$

BP 神经网络的训练过程是基于训练样本不断优化权重矩阵 U 和 V，使得损失函数极小化。在 BP 神经网络中，式（2.36）~式（2.38）被称为神经网络的正向传播过程。通过正向传播可以得到 BP 神经网络的输出结果，进而得到训练的损失函数，将损失函数的原函数对权重矩阵求偏导，用来更新权重矩阵，该过程叫作神经网络的反向传播过程。反向传播的公式如下：

$$\delta_O = -(Z_k - O_k) \times \sigma'(Y_k) \tag{2.43}$$

$$\delta_H = (\delta_O * V) \times \sigma'(Y_k) \tag{2.44}$$

$$\delta_I = (\delta_H * U) \times \sigma'(Y_k) \tag{2.45}$$

$$\frac{\partial E}{\partial V} = \delta_O \times O_k \tag{2.46}$$

$$\frac{\partial E}{\partial U} = \delta_H \times H_k \tag{2.47}$$

$$\sigma'(Y_k) = \frac{\partial \sigma(Y_k)}{\partial Y_k} \tag{2.48}$$

式中，δ_O、δ_H 和 δ_I 为损失函数对各层的梯度参数；$\dfrac{\partial E}{\partial V}$ 和 $\dfrac{\partial E}{\partial U}$ 为损失函数对各层的偏导数值；$\sigma'(Y_k)$ 为激活函数对激活值的偏导。进而可通过下列公式对各层权重矩阵进行更新：

$$U \leftarrow U - \alpha \frac{\partial E}{\partial U} \tag{2.49}$$

$$V \leftarrow V - \alpha \frac{\partial E}{\partial V} \tag{2.50}$$

式中，α 为学习率。当隐含层为多层时，仍可根据链式求导法，即按照式（2.43）~ 式（2.48）的思路求各层偏导，进而对权重矩阵进行更新。

2.4 风光新能源发电预测评价体系

2.4.1 单值预测评价

根据国内外的相关标准，常用的单值功率预测结果评价指标包括均方根误差与归一化均方根误差（NRMSE）、平均绝对误差与归一化平均绝对误差（NMAE）、相关性系数（ρ）、最大预测误差（ME）、准确率（ACC）、合格率（Q_R）、极大误差率等。

1. 均方根误差与归一化均方根误差

均方根误差可用于评价预测误差的分散程度，能够在整体上评价新能源功率预测系统的性能、预测效果。归一化均方根误差利用新能源发电装机容量进行计算，如下式所示：

$$\text{NRMSE} = \frac{1}{n} \sqrt{\sum_{i=1}^{n} \left(\frac{P_{M,i} - P_{P,i}}{C_i} \right)^2} \tag{2.51}$$

式中，$P_{M,i}$ 为 i 时刻的实际功率；$P_{P,i}$ 为 i 时刻的预测功率；n 为参与误差评价的样本个数；C_i 为 i 时刻的开机容量。

2. 平均绝对误差与归一化平均绝对误差

平均绝对误差可以用来评价新能源预测系统的长期运行状态。归一化平均绝对误差同样利用新能源发电装机容量进行计算，如下式所示：

$$\text{NMAE} = \frac{1}{n} \sum_{i=1}^{n} \left| \frac{P_{M,i} - P_{P,i}}{C_i} \right| \tag{2.52}$$

3. 相关性系数

相关性系数能够反映预测功率与实际功率波动的相关程度，其计算公式如下所示：

$$\rho = \frac{\sum_{i=1}^{n} (P_{M,i} - \overline{P}_M)(P_{P,i} - \overline{P}_P)}{\sqrt{\sum_{i=1}^{n} (P_{M,i} - \overline{P}_M)^2} \sqrt{\sum_{i=1}^{n} (P_{P,i} - \overline{P}_P)^2}} \tag{2.53}$$

式中，$\overline{P}_M$ 和 $\overline{P}_P$ 分别是实际功率和预测功率的平均值。

4. 最大预测误差

最大预测误差主要反映了功率预测单点的最大偏离情况，其计算公式如下所示：

$$ME = \max\{|P_{M,i} - P_{P,i}|\}_{i=1}^{n} \tag{2.54}$$

5. 准确率

准确率直接反映功率预测精准程度，通常基于归一化均方根误差进行计算，其计算公式如下所示：

$$ACC = (1 - NRMSE) \times 100\% \tag{2.55}$$

6. 合格率

合格率主要反映预测结果中的较大误差部分情况，合格率是功率预测结果在调度过程中可利用程度的重要参考指标，其计算公式如下所示：

$$Q_R = \frac{1}{n} \sum_{i=1}^{n} B_i \times 100\%$$

$$B_i = \begin{cases} 1 & \dfrac{|P_{Pi} - P_{Mi}|}{C_i} < T \\ 0 & \dfrac{|P_{Pi} - P_{Mi}|}{C_i} \geqslant T \end{cases} \tag{2.56}$$

式中，Q_R 为合格率；B_i 为代表 i 时刻预测绝对误差是否合格的值，合格为 1，不合格为 0；T 为合格与否的判定阈值，通常依据各电网的实际情况确定，一般不大于 0.25。

2.4.2　概率预测评价

概率预测结果评价中涉及的属性包括可靠性和敏锐性。可靠性即预测变量的预测分布和观测分布在统计上的一致性，反映模型预测结果匹配观测值的能力；敏锐性仅取决于预测结果，反映预测分布的集中度，分布越集中，包含的有效信息就越丰富。目前概率预测研究中应用率较高的评价指标按照其所评价的模型属性可形成以下分类。

1. 单独评价可靠性的指标

（1）预测区间覆盖率

若预测模型于置信度 $1-\alpha$ 下获得的概率预测区间表示为 $[L_t^{\alpha}, U_t^{\alpha}]$，假设共有 N 个测试样本，则模型预测结果的区间覆盖率 PICP 可表示为

$$PICP = \frac{1}{N} \sum_{t=1}^{N} 1(y_t^* \in [L_t^{\alpha}, U_t^{\alpha}]) \tag{2.57}$$

式中，$1(y_t^* \in [L_t^{\alpha}, U_t^{\alpha}])$ 为示性函数，当 $y_t^* \in [L_t^{\alpha}, U_t^{\alpha}]$ 时取值 1，否则取值 0。

（2）平均覆盖率误差

根据置信度的统计学意义，区间覆盖率应等于或接近事先给定的置信度 $1-\alpha$。因此，预测模型的可靠性可由区间覆盖率与事先给定的置信度 $1-\alpha$ 之间的差值，即

平均覆盖率误差（ACE）来反映，如下式所示：

$$ACE = PICP - (1-\alpha) \tag{2.58}$$

ACE 的绝对值越小意味着概率预测的结果越可靠，理想情况下 ACE 的数值应为 0。

2. 单独评价敏锐性的指标

模型的敏锐性可由预测区间带宽（PINAW）指标来评价，PINAW 越小表明预测结果敏锐性越强。在部分文献里也称预测区间带宽为中心概率区间（CPI），具体公式如下所示：

$$PINAW = CPI = \frac{1}{N} \sum_{t=1}^{N} (U_t^{\alpha} - L_t^{\alpha}) \tag{2.59}$$

3. 综合评价可靠性与敏锐性的指标

技能得分类指标可综合评价预测模型的可靠性与敏锐性，认可度较高的技能得分类指标包含以下几种：

（1）连续排名概率得分

连续排名概率得分（CRPS）广泛应用于评价输出形式为概率密度函数或累积分布函数的概率预测结果，CRPS 越小表明模型的预测性能越好，其计算公式为

$$CRPS(t) = \int_0^1 (F_t(y) - 1(y_t^* \leq y))^2 dy \tag{2.60}$$

式中，$F_t(y)$ 表示 t 时刻预测的累积分布函数；y_t^* 为 t 时刻的实际观测值，当 $y_t^* \leq y$ 时，示性函数 $1(y_t^* \leq y)$ 取值为 1，反之取值为 0。

（2）覆盖宽度准则

对于输出为置信区间形式的预测结果，覆盖宽度准则（CWC）综合了 PICP 与 PINAW 两种指标，可同时评价模型的可靠性与敏锐性，CWC 越小预测性能越好，CWC 的计算公式为：

$$CWC = PINAW(1 + 1(PICP < (1-\alpha))e^{-\eta(PICP-(1-\alpha))})\eta \tag{2.61}$$

式中，$1-\alpha$ 为给定的置信度；η 为设定的惩罚因子，当 $PICP < 1-\alpha$ 时，η 用来放大二者之间的差值。当 $PICP \geq 1-\alpha$ 时，CWC 等同于 PINAW；当 $PICP < 1-\alpha$ 时，指数部分为正，CWC 同时与 PINAW 和 PICP 相关。

（3）pinball 损失函数

当概率预测结果为分位数形式时，可通过 pinball 损失函数来评价。pinball 对距离指定分位数较远的观测值做出惩罚，得分越小表明预测性能越出色。设 $y_{t,q}$ 代表预测的 q 分位数，y_t^* 为实际观测值，则 pinball 损失函数计算公式为：

$$pinball(y_{t,q}, y_t^*, q) = \begin{cases} (1-q)(y_{t,q} - y_t^*), & y_t^* < y_{t,q} \\ q(y_t^* - y_{t,q}), & y_t^* \geq y_{t,q} \end{cases} \tag{2.62}$$

（4）Winkler 得分

Winkler 得分指标惩罚落在预测区间之外的观测值，并对狭窄的预测区间给予

奖励，也可实现对概率区间预测结果的综合评价，Winkler 得分越小表明预测性能越优异。置信度 1-α 下的区间预测结果 Winkler 得分计算公式如下：

$$\text{Winkler}(\alpha, y_t^*) = \begin{cases} \delta & L_t^\alpha \leq y_t^* \leq U_t^\alpha \\ \delta + 2(L_t^\alpha - y_t^*)/\alpha & y_t^* < L_t^\alpha \\ \delta + 2(y_t^* - U_t^\alpha)/\alpha & y_t^* > U_t^\alpha \end{cases} \tag{2.63}$$

式中，U_t^α 与 L_t^α 分别为置信区间上下界限；y_t^* 为预测变量的观测值。

虽然 Winkler 指标可以同时反映概率预测模型的可靠性和敏锐性，但其缺陷在于无法将预测模型的这两类属性有效剥离，分别清晰反映。因此，在由技能得分类指标综合评价模型预测性能后，若还需观察模型对真实值的覆盖能力或量化预测结果的不确定性，则仍需要借助 ACE 和 PINAW 单独评价模型的可靠性或敏锐性。

4. 其他指标

（1）预测分布失真率

预测分布失真率（MDE）展示了概率分布的失真情况，失真率越小，概率预测精度越高。预测分布失真率可表示为

$$\text{MDE} = \frac{1}{2N} \sum_{i=1}^{I} |N_{r,i} - N_{f,i}| \tag{2.64}$$

式中，N 为评价样本个数；I 为区间划分总数；$N_{r,i}$ 为真实值落入区间 i 的次数；$N_{f,i}$ 为按预测分布应落入区间 i 的次数。

（2）边缘标度指标

边缘标度指标用来评价经验累积分布函数与预测累积分布函数的等价性，其值越靠近零说明分布函数预测结果越接近真实的分布函数。经验累积分布函数 $\overline{G}_{k,N}(p)$ 可以用平均指示函数表示：

$$\overline{G}_{k,N}(p) = \frac{1}{N} \sum_{n=1}^{N} 1\{p_{k,n} \leq p\} \tag{2.65}$$

式中，下标 k 为进行前瞻 k 小时预测测试；N 为总预测实验次数；$p_{k,n}$ 为第 n 次实验的风电功率测量值；p 为风电功率随机变量，$1\{p_{k,n} \leq p\}$ 为示性函数，$p_{k,n} \leq p$ 条件成立时，函数值取 1，否则取 0。

而预测的累积分布函数可以用整个验证集的平均预测累积分布函数 $\overline{F}_{k,N}(p)$ 表示：

$$\overline{F}_{k,N}(p) = \frac{1}{N} \sum_{n=1}^{N} F_{k,n}(p) \tag{2.66}$$

式中，$\overline{F}_{k,N}(p)$ 为前瞻时段 k 的平均预测累积分布函数；$F_{k,n}(p)$ 为第 n 次前瞻 k 时段预测得到的风电功率累积分布函数。

则边缘标度指标可以表示为

$$\text{F. fcast} - \text{F. obs}(p) = \overline{F}_{k,N}(p) - \overline{G}_{k,N}(p) \tag{2.67}$$

5. 评价步骤

（1）先检验可靠性，再测评敏锐性指标

可靠性是概率预测模型应具备的必要属性，需在模型性能评价的第一阶段进行检验，而敏锐性又反映了预测模型的内在品质。因此，最优概率预测模型甄选的第一种评价机制可表述为：在所有满足可靠性要求的预测模型中，挑选敏锐性评价指标得分最优的模型。

（2）先检验可靠性，再测评技能得分类指标

概率预测模型的可靠性与敏锐性可直接通过技能得分类指标来综合评价。然而即使概率预测模型在技能得分类指标上展现出优越的预测性能，也无法保证该模型必然满足可靠性方面的要求。因此，在应用技能得分类指标来评价模型概率预测性能的第一阶段，仍然应将检验模型的可靠性作为一项基础性测评。最优概率预测模型甄选的第二种评价机制可表述为：在所有满足可靠性要求的预测模型中，挑选技能得分类评价指标得分最优的模型。

2.4.3 事件预测评价

事件预测常要求预测结果具备两方面属性：全面性和准确性。全面性即指预测模型对事件发生的敏锐度，反映预测模型对于事件发生的有效捕获能力；准确性是指事件发生的预测结果与实际结果间的一致程度。全面性与准确性在一定程度上是不可兼顾的，对全面性的过高要求将导致事件误报，准确性降低；而过高的准确性要求将导致大量实际发生事件的漏报，无法保证预测结果的全面性。新能源爬坡事件根据预测结果的形式可分为确定性预测和概率性预测，确定性预测直接描述爬坡事件是否发生，概率性预测则给出爬坡事件发生的概率。

1. 确定性爬坡事件预测结果的评价

确定性爬坡事件预测共有四类结果，见表2.3，分别是 TP（预测事件发生且实际发生）、FP（预测事件发生而实际不发生）、FN（预测事件不发生而实际发生）、TN（预测事件不发生且实际不发生）。其中，TP、TN 两类结果预测与实际情况相符，预测正确，而 FP、FN 两类结果预测与实际不符，分别称为误报和漏报。

表2.3 爬坡事件预测结果情况

事件预测结果/观察结果	发生	不发生
发生	TP	FP
不发生	FN	TN

根据四类结果所表达的不同含义，可建立描述事件预测全面性和准确性的指标（下述指标中 N_{TP}、N_{FP}、N_{FN}、N_{TN} 分别表示符合四类结果的预测次数）。

查准率 F_A 描述事件预测的准确性，即预测结果为发生且观测结果也发生的概率，与之对应的是误报率 F，分别如下式所示：

$$F_A = \frac{N_{TP}}{N_{TP} + N_{FP}} \qquad (2.68)$$

$$F = 1 - F_A \qquad (2.69)$$

查全率 R_C 描述事件预测的全面性，表示对实际发生的事件预测准确的概率：

$$R_C = \frac{N_{TP}}{N_{TP} + N_{FN}} \qquad (2.70)$$

关键成功指数 CSI 表示预测结果的准确程度，其值为 1 时表示预测结果全部有效，公式如下所示：

$$CSI = \frac{N_{TP}}{N_{TP} + N_{FP} + N_{FN}} \qquad (2.71)$$

除了以上三种常用指标外，频率偏差评分 BS、Peirce 评分 PSS、预测准确率 ACC、误差率 E_{RR} 等指标也可评价二值爬坡状态预测结果的精度，公式如下：

$$BS = \frac{N_{TP} + N_{FP}}{N_{TP} + N_{FN}} \qquad (2.72)$$

$$PSS = \frac{N_{TP}N_{TN} - N_{FP}N_{FN}}{(N_{TP} + N_{FN})(N_{FP} + N_{TN})} \qquad (2.73)$$

$$ACC = \frac{N_{TP} + N_{TN}}{N_{TP} + N_{FN} + N_{FP} + N_{TN}} \qquad (2.74)$$

$$E_{RR} = 1 - ACC \qquad (2.75)$$

其中，预测准确率 ACC 表示进行的所有预测中准确预报未来爬坡事件状态的概率，误差率 E_{RR} 表示未能准确预测未来爬坡事件状态的概率。

2. 概率性爬坡事件预测结果的评价

概率性爬坡事件预测即使用概率值的大小来量化爬坡事件发生的可能性，BS 的概率形式可评价爬坡事件概率预测结果的准确性，公式如下：

$$BS = \frac{1}{N} \sum_{i=1}^{N} (p_i - r_i)^2 \qquad (2.76)$$

式中，N 为评价样本总数；$p_i \in [0,1]$ 为每次预测的爬坡事件发生概率；r_i 为对应每次预测的爬坡事件的观测状态（事件发生为 1，不发生为 0）。BS 数值越小，预测结果越精确。

除了 BS 外，其他用于新能源发电功率概率预测的评价指标，如 PICP、PINAW 等也可用于评价概率性爬坡事件预测结果。

2.4.4　考核要求

根据我国 2021 年发布的国家标准 GB/T 40607—2021《调度侧风电或光伏功率

预测系统技术要求》，场站级和集群（全网）级风电/光伏功率预测的准确性要求分别见表2.4和表2.5。

表2.4　场站级风电/光伏功率预测准确性要求

预测对象		月平均准确率	月平均合格率
风电功率预测	超短期	第4小时≥87%	第4小时≥87%
	短期	日前≥83%	日前≥83%
	中期	第10日≥70%	—
光伏功率预测	超短期	第4小时≥90%	第4小时≥90%
	短期	日前≥85%	日前≥85%
	中期	第10日≥75%	—

表2.5　集群（全网）级风电/光伏功率预测准确性要求

预测对象		月平均准确率	月平均合格率
风电功率预测	超短期	第4小时≥90%	第4小时≥90%
	短期	日前≥85%	日前≥85%
	中期	第10日≥75%	—
光伏功率预测	超短期	第4小时≥95%	第4小时≥95%
	短期	日前≥90%	日前≥90%
	中期	第10日≥80%	—

2.5　本章小结

本章从数值天气预报这一支撑新能源发电预测的关键技术出发，介绍了全球尺度数值模式、中尺度数值模式以及面向新能源发电预测的电力气象预报精度提升手段，然后从时间尺度、空间尺度、预测模型、预测形式四方面阐述了新能源发电预测的分类方法，并在物理模型、统计模型、人工智能模型三方面分别选取了典型的预测方法进行原理介绍，最后探讨了单值预测、概率预测、事件预测三种类别的新能源功率预测评价体系，并给出了国标对预测的准确性要求。

第3章

风电功率单值预测

3.1.1 气象相依特性

风电场的输出功率随着风速的波动而变化，风电机组捕获的风能可以用下式表示：

$$P = \frac{1}{2}C_p A \rho v^3 \tag{3.1}$$

式中，P 为风电机组输出功率；C_p 为风电机组的风能利用系数；$A = \pi R^2$，为风轮扫掠面积，R 为风轮半径；ρ 为空气密度；v 为风速。

从式（3.1）可以看出，风速是影响风电机组输出功率最重要的因素，如果不考虑尾流影响和地表粗糙度等因素的影响，风电场的总输出功率与单台风机的输出功率类似，均与风速的三次方近似成正比。同时，风向对风电场发电也有一定影响，风电场往往包含多台按一定规则排布的风电机组，当风经过上风向风电机组的风轮后，一部分风能被转化为电能，此时的风速有所降低，导致下风向风电机组获得的风能减少，产生所谓的尾流效应。当风速较低的时候，尾流效应和粗糙度影响较为明显，导致风电场在某些风向下发电效率较低，当风速超过额定风速一定量后，输出功率将不再受尾流效应影响，风电场在任何风向下都能输出额定功率。

同时在式（3.1）中，空气密度 ρ 代表风能蕴含能量的大小，ρ 的大小直接关系到捕获风能的多少，特别是在海拔高的地区，影响更为突出。如果不考虑风电场内各机组之间的相互影响，风电场整体输出功率与空气密度的关系就和单一风电机组与空气密度的关系基本一致。空气密度的计算公式如下：

$$\rho = \frac{1.276}{1+0.00366t} \frac{p-0.378p_w}{1000} \tag{3.2}$$

式中，p 为气压，单位为 hPa；t 为温度，单位为℃；p_w 为水汽压，单位为 hPa。由此可知，温度、气压、空气湿度等因子的波动均会引起空气密度发生变化，进而导致风蕴含能量的变化，影响风电机组的输出功率。

以上从理论角度分析了风电场功率与各气象变量的关系，在实际应用中通常采用相关性分析法确定各气象变量与风电场功率的关联关系。以皮尔森互相关系数为例，其计算公式如下：

$$\rho_{xy} = \frac{\sum_{t=1}^{n}(x_t - \bar{x})(y_t - \bar{y})}{\sqrt{\sum_{t=1}^{n}(x_t - \bar{x})^2}\sqrt{\sum_{t=1}^{n}(y_t - \bar{y})^2}} \tag{3.3}$$

式中，ρ_{xy} 为序列 $\{x_t\}$ 和序列 $\{y_t\}$ 之间的相关系数，ρ_{xy} 值越大，相关性越强；$\bar{x}$ 和 $\bar{y}$ 分别为两个时间序列的平均值；n 为时间序列长度。

表 3.1 展示了相关系数 ρ_{xy} 处于不同区间时呈现的相关程度，在此基础上，表 3.2 给出了 10m 风速及风向、100m 风速及风向、温度、气压、相对湿度与风电功率之间的相关系数及相关程度，进一步证实风速是影响风电功率最重要的因素，风向次之，而温度、气压、相对湿度对风电功率的影响并不显著，这是由于同一位置空气密度的波动变化相对平稳。因此，在预测模型构建时风速及风向通常为必要的输入变量，其余气象因子可视具体情况考虑。

表 3.1 相关系数与相关程度的关系

相关系数 ρ_{xy}	相关程度
$\lvert \rho_{xy} \rvert < 0.3$	弱度相关
$0.3 \leqslant \lvert \rho_{xy} \rvert < 0.5$	低度相关
$0.5 \leqslant \lvert \rho_{xy} \rvert < 0.8$	中度相关
$0.8 \leqslant \lvert \rho_{xy} \rvert \leqslant 1$	高度相关

表 3.2 不同气象变量与风电功率之间的相关系数

气象变量	相关系数	相关程度
10m 风速	0.74	中度相关
10m 风向	0.33	低度相关
100m 风速	0.78	中度相关
100m 风向	0.35	低度相关
温度	0.11	弱度相关
气压	0.15	弱度相关
相对湿度	0.19	弱度相关

3.1.2　时序波动特性

受风速惯性影响，风电功率在一定的时间尺度内具有明显的时序关联性，皮尔森自相关系数可以对同一时间序列任意间隔的时序相关性进行分析，其计算公式如下：

$$\rho_k = \frac{n}{n-k} \frac{\sum\limits_{t=k+1}^{n}(x_t - \overline{x})(x_{t-k} - \overline{x})}{\sum\limits_{t=1}^{n}(x_t - \overline{x})^2} \tag{3.4}$$

式中，x_t 为时间序列在 t 时刻的取值；x_{t-k} 为时间序列在 $t-k$ 时刻的取值；$\overline{x}$ 为该时间序列的平均值。

对风电输出功率时间序列进行自相关性分析，结果如图 3.1 所示。由图可见，风电场输出功率时间序列在滞后 1h 内高度自相关，在滞后 5h 内中度自相关。因此在一定的时间尺度内，风电功率的时间序列自相关性也是预测的重要因素之一。

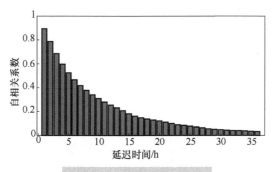

图 3.1　自相关性分析图

3.2　风电场功率超短期预测

3.2.1　概述

风电场输出功率具有较强的随机性与波动性，本质原因在于风电动态系统自身的非线性、复杂性以及系统边界条件的不确定性。具体表现在：①在一定气象条件下，风电场输出功率与其所处位置的地形地貌、风机布局、风机输出特性等多方面因素有关，与此同时，风电场输出功率对气象边界条件十分敏感，导致即使在气象条件相近时，风电场输出功率也可能具有明显的差异性；②大气系统具有很强的非线性，且存在混沌现象，其发展趋势存在较强的不确定性，风电动态系统中的状态变量轨迹预测需要气象边界条件提供数据支撑，因此大气系统的复杂性与非线性特征势必会在风电系统中保留并放大。由此可见，对于复杂的风电动态系统，人为构建出其动态模型结构较为困难，目前的超短期风电场功率预测方法多以若干组固定的显式方程或函数来描述风电系统的动态特征，其模型结构设定存在固有偏差，不利于数据中有效信息的挖掘，从而难以在实践中表现出优异的预测性能。

本节提出了基于动态规律建模（Empirical Dynamic Modeling，EDM）的超短期风电场功率预测方法，动态规律建模将一组时间序列视为一个动态系统的状态观测值，通过对该时间序列进行吸引子重构以及学习重构后的吸引子流形来实现预测功能。通常一个动态系统可视为一组状态量及其变化规律的组合，状态变量的运动轨迹在高维空间中形成吸引子流形，将此流形的运动轨迹投影到一条坐标轴上，可以产生相应变量的时间序列。因此理论上，通过绘制动态系统所有变量的变化轨迹，将每个时间序列作为一个单独的坐标来重构原始动态系统的吸引子流形是可行的。然而在实际应用中，风电场动态系统相当复杂，难以辨明其所有的关键状态量，更难以获得支撑关键状态量足够多的观测数据。重构定理（如 Takens 定理）提供了一种利用一维或多维观测序列，重构整个动力系统吸引子流形的方法，使完全依靠风电场动态系统的历史运行数据对其未来运行态势进行预测成为可能，这是利用动态规律建模进行超短期风电场功率预测的基本原理。

3.2.2 基本算法原理

1. 吸引子重构与 Takens 定理

吸引子重构的基本思想是，动态系统中任一分量的演化都能由与其相互作用的其他分量所反映，因此可将动态系统的一个或多个观测序列进行重构，以恢复整个动态系统的动力学特性。吸引子重构具有两个重要参数，即嵌入维数 E 和延迟时间 τ。

Takens 定理是计算嵌入维数 E 的一个基本命题，它指出当嵌入维数 E 满足一定条件时，原动态系统的吸引子可以光滑地嵌入到由系统的状态向量重构形成的空间中，且保持其动力学特性不变，即可以通过原动态系统的一维观测序列来重构整个动态系统的吸引子流形。对于关联维数为 N_d 的混沌系统，吸引子可以光滑嵌入重构空间的条件为

$$E \geqslant 2N_d + 1 \tag{3.5}$$

广义 Takens 定理扩展了经典 Takens 定理的应用范围，前者指出动态系统的吸引子也可以由多维观测序列进行重构，如图 3.2 所示。图 3.2a 展示了洛伦兹吸引子在三维状态空间的流形，图 3.2b 所示为原动态系统由单维变量 x 的时序观测值重构后的流形，其中 τ 是吸引子重构的延迟时间，图 3.2c 所示为原动态系统由观测量 y、z 的时序观测值重构后的流形。由图 3.2 可以看出，通过研究重构空间中的流形形态，可实现对原动态系统流形的分析。

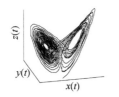 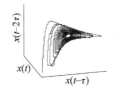 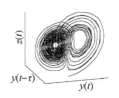

a) 三维状态空间中的流形　　　b) 使用单维变量x重构后的流形　　　c) 使用变量y、z重构后的流形

图 3.2　洛伦兹吸引子在不同状态空间中的流形

2. G-P 算法原理

在吸引子重构中，关联维数 N_d 对于嵌入维数 E 的选取具有举足轻重的作用。关联维数通常是一个分数维数，本节使用 Grassberger-Procaccia（G-P）算法计算风电系统的关联维数。

对于 m_0 维空间（m_0 是一个很小的值）中的一组向量 $\{X_t\}_{t=1}^N$，计算关联积分 $C(r, m_0)$ 如下式所示：

$$C(r, m_0) = \frac{1}{N^2} \sum_{\substack{i,j=1 \\ i \neq j}}^N \theta(r - d(X_i, X_j))　\qquad(3.6)$$

式中，r 是阈值距离；$d(X_i, X_j)$ 是 X_i 和 X_j 之间的欧氏距离；$\theta(\cdot)$ 是 Heaviside 函数，其计算公式如下：

$$\theta(x) = \begin{cases} 1 & x \geqslant 0 \\ 0 & x < 0 \end{cases}　\qquad(3.7)$$

当 r 趋于 0 时，有下式成立：

$$N_d(m_0) = \lim_{r \to 0} \frac{\ln C(r, m_0)}{\ln r}　\qquad(3.8)$$

逐渐增大 m_0 的取值，可以画出 $\ln C(r, m_0)$-$\ln r$ 的关系曲线，如图 3.3 所示，该曲线线性部分的斜率就是所求的关联维数 N_d。

3. 复自相关法原理

复自相关法是一种计算延迟时间 τ 的常用方法，从自相关法和平均位移法发展而来。时间序列 $\{x_i\}$ 在 m 维重构空间中的平均位移为 $S_m^2(\tau)$：

$$S_m^2(\tau) = \frac{1}{N} \sum_{i=0}^{N-1} \sum_{j=1}^{m-1} (x_{i+j\tau} - x_i)^2　\qquad(3.9)$$

式中，N 为时间序列 $\{x_i\}$ 的长度。平均位移 $S_m^2(\tau)$ 体现了相空间矢量与相空间主对角线之间的距离，忽略边缘点的差别，可认为 $\sum_{i=0}^{N-1} x_{i+j\tau}^2$ 为常数，记为 $E = \frac{1}{N} \sum_{i=0}^{N-1} x_i^2$。

将式（3.9）展开，有

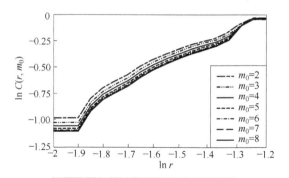

图 3.3　G-P 算法计算关联维数

$$S_m^2(\tau) = 2(m-1)E - 2\sum_{j=1}^{m-1} R_{xx}(j\tau) \tag{3.10}$$

式中，$R_{xx}(j\tau)$ 是时间序列 $\{x_i\}$ 以 $j\tau$ 为间隔的自相关函数，即

$$R_{xx}(j\tau) = \frac{1}{N}\sum_{i=0}^{N-1} x_i x_{i+j\tau} \tag{3.11}$$

由式（3.11）定义，有

$$R_{xx}^m(\tau) = \sum_{j=1}^{m-1} R_{xx}(j\tau) \tag{3.12}$$

$R_{xx}(j\tau)$ 的第一个过零点即为吸引子重构的延迟时间 τ。为了便于推广到一般情况，这里采用去偏复自相关法。m 维重构空间的去偏复自相关表示为

$$C_{xx}^m(\tau) = \frac{1}{N}\sum_{i=0}^{N-1}\sum_{j=1}^{m-1} (x_i - \bar{x})(x_{i+j\tau} - \bar{x}) \tag{3.13}$$

式中，$\bar{x}$ 为数据平均值，则去偏复自相关函数为

$$C_{xx}^m(\tau) = R_{xx}^m(\tau) - (m-1)(\bar{x})^2 \tag{3.14}$$

相似地，选取 $C_{xx}^m(\tau)$ 的第一个过零点即为吸引子重构的延迟时间 τ。

4. 单纯形投影法原理

这里采用了单纯形投影法实现风电场输出功率状态向量的预测。单纯形投影法将延迟时间 τ 嵌入到时间序列中产生吸引子重构，通过计算重构空间中相邻向量轨迹的加权平均值，预测未来时刻状态向量的位置，如图 3.4 所示。

给定一个重构空间和一个状态向量 X_t，首先找到 X_t 周围的 b 个相邻点（通常设置 $b = m+1$，m 为嵌入维数），将这些相邻点记为向量 $X_{n(t,i)}$，其中 $n(t,i)$ 表示距离 X_t 第 i 近的向量，即 $X_{n(t,1)}$ 是距离 X_t 最近的向量，$X_{n(t,2)}$ 是距离 X_t 第二近的向量，以此类推。随后，观察并记录这些相邻向量的变化轨迹，计算其演变轨迹（h 步之后）的加权平均值，以此估计 X_t 在 h 个时间步长后的位置 X_{t+h}，计算公式为

$$\hat{X}_{t+h} = \left(\sum_{i=1}^{b} W_i(t) X_{n(t,i)+h}\right) \bigg/ \sum_{i=1}^{b} W_i(t) \tag{3.15}$$

式中，权重系数 $W_i(t)$ 是以 X_t 到 $X_{n(t,i)}$ 的距离与 X_t 到 $X_{n(t,1)}$ 的距离的比值为基础计算得到的，即 $W_i(t) = \exp(-d(X_t, X_{n(t,i)})/d(X_t, X_{n(t,1)}))$，其中 d 表示向量之间的欧氏距离。

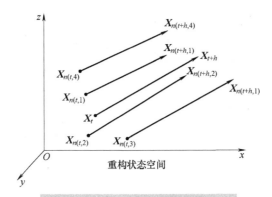

图 3.4　单纯形投影法的预测过程

3.2.3　基于多变量动态规律建模方法的风电功率单值预测

基于广义 Takens 定理，本节采用多变量动态规律建模（MEDM）方法进行风电场功率的单值预测。MEDM 方法将风电功率时间序列与数值天气预报气象变量相结合，预测风电场的输出功率。需要注意的是，气象变量的引入会增加重构状态空间的嵌入维数。每引入一个解释变量，重构状态空间的嵌入维数也要相应加一，对于单一风电场，其重构状态空间中的向量可以表示为

$$X_t = \langle V_t, u_{t+h}^{(1)}, u_{t+h}^{(2)}, \cdots, u_{t+h}^{(n)} \rangle \qquad (3.16)$$

式中，X_t 是 t 时刻重构状态空间中的状态向量；V_t 是 X_t 的风电功率分量，且 $V_t = \langle v_t, v_{t-\tau}, v_{t-2\tau}, \cdots, v_{t-(E-1)\tau} \rangle$，其中 v_t 是 t 时刻风电场输出功率的观测值；E 是吸引子重构的嵌入维数；τ 是延迟时间；$u_{t+h}^{(i)}(i=1,2,\cdots,n)$ 是 X_t 的气象变量分量。

基于 MEDM 的风电功率单值预测框架如图 3.5 所示（在 t 时刻实现 h 步预测），整个预测框架包括训练部分和预测部分。

在训练部分，首先利用历史数据分析风电功率时间序列的特征对吸引子重构，即对嵌入维数 E 和延迟时间 τ 进行估算，对嵌入维数 E 从 $1\sim10$ 进行遍历，对于每个嵌入维数 E，采用复自相关法计算相应的延迟时间 τ。随后将所有参数组合分别进行 MEDM，并采用模拟预测试验的方法对各模型进行精度评价，确定最优参数组合作为吸引子重构的参数。最后根据广义 Takens 定理，将风电功率时间序列与气象变量结合起来进行吸引子重构，形成一个包含原始风电动态系统演变规律的高维重构状态空间。

在预测部分，将 t、$t-\tau$、$\cdots$、$t-(E-1)\tau$ 时刻的历史风电功率与 $t+h$ 时刻的气象变

量预测值结合起来映射到之前训练得到的重构状态空间中，形成风电状态向量 X_t。随后，在重构状态空间中采用单纯形投影法预测 h 步之后的风电状态向量 X_{t+h}，并输出 $t+h$ 时刻的风电功率预测单值。

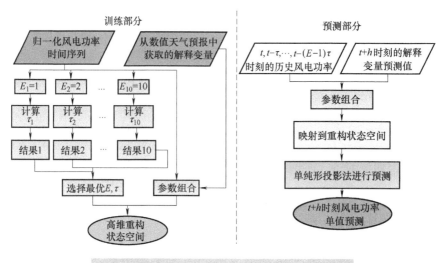

图 3.5　基于 MEDM 的风电功率单值预测框图

3.2.4　算例分析

本节采用 2014 年全球能源预测竞赛（GEFC 2014）提供的风电功率以及风速、风向数据进行超短期单值预测，并采用交叉检验法验证了本节所提方法的有效性。交叉检验法是指在给定的样本中，拿出多数样本进行建模，少数样本进行模型准确性检验，并记录预测误差。本节采用了 4 倍交叉检验方案，即将数据平均分为 4 段，其中三段用于模型训练，剩余一段用于预测检验。在此过程中，模型对每段样本均进行了一次预测，最终通过计算所有预测结果的归一化平均绝对误差（Normalized Mean Absolute Error，NMAE）和归一化均方根误差（Normalized Root Mean Square Error，NRMSE）对预测效果进行评价。

1. 吸引子重构参数的选取

在训练部分，MEDM 对标准正态化之后的历史风电功率进行非线性聚合度的计算，将嵌入维数 E 以 1 为步长从 1 到 10 依次代入模型中进行遍历，对于每个嵌入维数 E，采用复自相关法计算相应的延迟时间 τ。MEDM 对所有可能的嵌入维数 E 和延迟时间 τ 的组合进行预测效果测试，并选择最优组合作为吸引子重构的参数。以 GEFC 2014 数据中的 3 号风电场为例，如图 3.6 所示，当 $E=8$ 时，NMAE 最小、1-NMAE 最大，此时 $\tau=4$。

表 3.3 展示了 6 座风电场在不同季节的最优嵌入维数 E 和延迟时间 τ。由此可

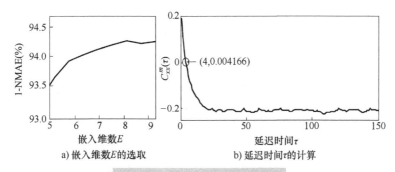

a) 嵌入维数E的选取　　　　b) 延迟时间τ的计算

图 3.6　吸引子重构参数选取

见,不仅不同风电场的最优吸引子重构参数不同,而且同一风电场的最优参数也会随时间不断变化。MEDM 的一个显著优点在于它可以随着时间序列的延长动态调整参数,从而使模型一直保持最优。在实际应用中,对于一个给定的风电场,其最优嵌入维数 E 通常在一个区间内,工作人员可以据此缩小范围,以降低计算成本。

表 3.3　6 座风电场在不同季节的最优嵌入维数 E 和延迟时间 τ

风电场	春季		夏季		秋季		冬季	
	E	τ	E	τ	E	τ	E	τ
1	8	4	6	4	6	4	6	3
2	9	4	6	3	5	4	7	4
3	6	4	8	4	6	3	7	4
4	6	4	6	4	6	3	6	3
5	7	3	6	5	7	4	3	3
6	6	5	6	5	4	4	3	3

2. 环境变量的确定

为了探讨不同环境变量对预测的影响,这里列出了 4 种类型的环境变量(10m 高度风速 V10、10m 高度风向 U10、100m 高度风速 V100、100m 高度风向 U100)的所有组合,并将每种组合同风电场历史功率(WG)一起输入 MEDM 中。表 3.4 为 6 座风电场的部分预测结果,通过分析得出以下结论。

表 3.4　不同环境变量组合的 NRMSE 值　　　　　　　　　　　　(%)

变量	风电场 1	风电场 2	风电场 3	风电场 4	风电场 5	风电场 6
WG	7.45	6.46	6.50	7.21	7.34	7.01
WG, V10	7.39	6.38	6.44	7.17	7.29	6.93

（续）

变量	风电场1	风电场2	风电场3	风电场4	风电场5	风电场6
WG，U10	7.42	6.44	6.42	7.20	7.32	6.99
WG，V100	7.06	6.18	6.26	7.08	7.16	6.82
WG，U100	7.18	6.21	6.27	7.11	7.14	6.84
WG，V10，U10	6.96	6.40	6.39	7.13	7.27	6.89
WG，V10，V100	6.85	6.15	6.31	6.99	7.22	6.75
WG，V100，U100	6.72	6.05	**6.20**	6.94	7.07	6.68
WG，U10，U100	6.84	6.12	6.35	7.06	7.18	6.77
WG，V10，U10，V100，U100	**6.67**	**5.97**	6.25	**6.92**	**6.99**	**6.61**

注：表中字体加粗数字为预测精度最高的数值。

首先，引入环境变量可以显著提高预测精度。大多数情况下，当模型中输入参数组合 {V10，U10，V100，U100} 时，预测精度最高，这是由于环境变量的引入增加了单纯形投影法中可用相邻向量的数量，使得预测更加准确。一个特殊情况是在3号风电场的预测过程中，当选用V100和U100作为环境变量时预测精度最高。其原因可能是该风电场附近的地面建筑或障碍物影响了近地风速及风向，使得10m高度的风速和风向（V10，U10）无法反映真实的风力发电规律。

同时可以看出，不同环境变量对预测精度提升的贡献是不同的。通过比较表3.4的第2行~第8行，可以观察到将某高度处的风速和风向数据同时加入比单独加入该高度处的风速（或风向）数据的预测效果更好；通过比较表3.4的第6行和第8行，可以发现采用100m高度处的风速和风向数据比采用10m高度处的数据所得的预测误差更小，其原因可能在于百米高度的数据更接近轮毂高度处的实际风速。

此外，从表3.4中还可以看出加入不同的环境变量组合对于预测效果的提升可能是相似的。大多数情况下，风电场动态系统的状态观测量存在冗余，使得风电场不同状态量之间存在互为替代的关系，因此MEDM模型不是唯一的。同时，虽然某些状态量看似对风力发电过程没有影响，但它们可能在预测过程中发挥潜在的作用，将这类状态量引入MEDM中同样可以提升预测精度。

3. 预测结果对比

以持续法、自回归移动平均（ARIMA）模型、和最小二乘支持向量机（Least Square Support Vector Machine，LS-SVM）作为基准方法与本节所提方法进行对比。持续法使用当前时刻值作为预测值，即在 t 时刻，有 $\hat{x}_{t+1}=x_t$；ARIMA是一种经典的统计方法，通常用作基准方法；LS-SVM方法是一种基于核函数的机器学习方法，广泛应用于风电功率预测。所有程序均使用 Intel（R）Core（TM）i5-3470 CPU、3.20GHz、4.00 RAM 的台式机进行计算，预测结果均使用 NMAE 和 NRMSE 进行精度评价。

使用 MEDM 对 6 座风电场进行未来 1h 的功率预测，预测结果见表 3.5 和表 3.6。从表中可以看出，每座风电场的 NMAE 和 NRMSE 均比较小，表明 MEDM 可以获得很高的预测精度。从季节来看，春季（3~5 月）和夏季（6~8 月）的预测误差较小，而秋季（9~11 月）的预测误差相对较大。

表 3.5　MEDM 预测的 NMAE 值　　（%）

	风电场 1	风电场 2	风电场 3	风电场 4	风电场 5	风电场 6
春季	3.80	4.13	4.11	4.47	4.71	4.29
夏季	4.74	3.99	3.52	4.87	4.82	4.12
秋季	5.41	4.17	5.15	5.08	5.14	5.58
冬季	4.51	3.59	4.82	4.75	4.89	4.79
全年平均	4.62	3.97	4.40	4.79	4.89	4.70

表 3.6　MEDM 预测的 NRMSE 值　　（%）

	风电场 1	风电场 2	风电场 3	风电场 4	风电场 5	风电场 6
春季	5.95	6.39	5.49	6.36	6.61	6.47
夏季	7.01	5.68	5.03	7.03	7.27	5.44
秋季	7.36	6.95	7.18	7.54	7.43	7.92
冬季	6.37	4.84	7.09	6.74	6.64	6.61
全年平均	6.67	5.97	6.20	6.92	6.99	6.61

图 3.7 所示为使用 MEDM 预测的 3 号风电场未来 1h 的风电出力预测曲线和真实曲线。从图中可以看出，预测曲线非常接近真实曲线，表明本节所提方法能够对风电功率进行准确的预测。此外，可以看出秋冬季节功率曲线的波动明显比春夏季节更为强烈，一定程度上增加了预测的难度。

本节所提方法与基准方法的对比结果见表 3.7 和表 3.8，预测尺度为 1h。由表可得，与基准方法相比，本节提出的 MEDM 方法具有明显的优越性。其预测结果的 NMAE 值相较于持续法提升了 35.3%~39.5%，相较于 ARIMA 提升了 9.8%~21.9%，相较于 LS-SVM 提升了 4.8%~14.8%；在 NRMSE 值，本节所提方法相较于 3 种基准方法分别提升了 37.3%~46.6%、11.9%~20.7% 和 1.48%~6.6%。

为了测试不同预测尺度下 MEDM 的预测性能，本节利用 GEFC 中 6 座风电场的数据进行了前瞻 6h 的风电功率预测实验，其结果见表 3.9 和表 3.10。结果表明，MEDM 在较长的预测范围内仍能保持较小的预测误差，获得准确的预测结果。

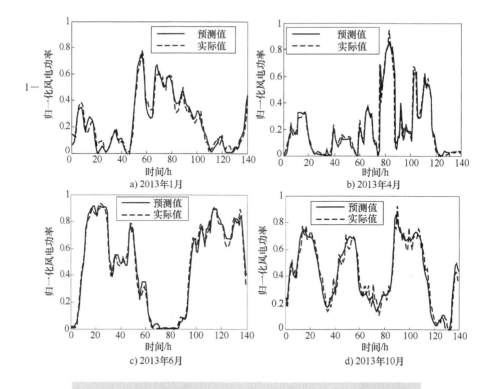

1—将实际的风电功率除以装机容量，进而将其归一化到（0-1）区间内，
这样方便对比，称之为归一化风电功率
图 3.7 MEDM 法的预测曲线与实际曲线对比

表 3.7 使用不同方法预测未来 1h 风电功率的 NMAE 值 （%）

方法	风电场 1	风电场 2	风电场 3	风电场 4	风电场 5	风电场 6
持续法	7.26	6.41	6.98	7.43	8.06	7.52
ARIMA	5.12	5.08	5.17	5.42	5.61	5.32
LS-SVM	4.98	4.66	4.85	5.03	5.25	5.05
MEDM	4.62	3.97	4.40	4.79	4.89	4.70

表 3.8 使用不同方法预测未来 1h 风电功率的 NRMSE 值 （%）

方法	风电场 1	风电场 2	风电场 3	风电场 4	风电场 5	风电场 6
持续法	11.04	9.52	10.98	11.28	13.10	12.16
ARIMA	7.58	7.26	7.82	7.86	8.32	8.11

（续）

方法	风电场 1	风电场 2	风电场 3	风电场 4	风电场 5	风电场 6
LS-SVM	6.77	6.39	6.53	7.13	7.36	6.97
MEDM	6.67	5.97	6.20	6.92	6.99	6.61

表 3.9　使用不同方法预测未来 6h 风电功率的 NMAE 值　　（%）

方法	风电场 1	风电场 2	风电场 3	风电场 4	风电场 5	风电场 6
持续法	12.31	10.62	11.46	13.12	14.16	13.94
ARIMA	10.93	9.52	10.56	11.02	11.87	11.33
LS-SVM	7.12	6.65	7.13	7.76	8.74	7.68
MEDM	6.74	5.87	6.69	6.93	7.25	6.82

表 3.10　使用不同方法预测未来 6h 风电功率的 NRMSE 值　　（%）

方法	风电场 1	风电场 2	风电场 3	风电场 4	风电场 5	风电场 6
持续法	16.75	15.97	16.77	19.69	20.70	19.61
ARIMA	15.64	14.28	15.32	16.11	17.23	16.65
LS-SVM	11.14	10.79	10.95	11.53	12.66	12.21
MEDM	9.56	9.02	9.37	9.85	11.34	10.74

MEDM 方法的优越之处在于其预测效果只依赖于数据的数量和质量，而不依赖于预设的显式方程或函数的模型准确程度，因此可以避免基于平衡方程的预测模型中经常出现的，由于变量设定偏差或者方程描述不准确而导致的预测失准现象。此外，MEDM 中所有参数都是随着时间不断调整的，因此模型可以一直保持在最优状态，以获得满意的预测结果。

3.3　风电场功率短期预测

3.3.1　概述

短期风电功率预测一般指次日起至未来 72h 的风电功率预测，主要用于电力部门发电计划制定以及电力市场环境下的竞价策略制定。相比超短期预测，由于其预测尺度增长，风电功率的时序惯性逐渐衰弱，NWP 成为影响短期风电功率预测的主要因素。目前短期风电预测普遍使用的方法是，在不同气象条件下采用同一模型对风电场发电功率进行预测。然而单一模型在不同气象条件下普适性较低，导致模型在某些气象条件下时常发生局部预测误差较大的情况，为解决该问题，部分研究人员针对不同气象条件分别建立不同的风电功率预测模型，然而在该过程中，气象类型划分及气象类型数量确定多是人工实现，缺乏科学有效的工具，导致最终的精度提升程度有限。

本节针对短期风电功率预测，首先提出了基于减法聚类和 GK 模糊聚类算法的气象条件分类方法，该方法利用减法聚类初始化 GK 模糊聚类算法的参数，并利用聚类有效性函数科学判定气象条件聚类数量的合理性，避免气象条件聚类数量陷入局部最优解。进一步地，本节采用极端梯度提升（Extreme Gradient Boosting，XGBoost）模型针对所划分的气象条件类型分别进行短期风电场功率预测建模，基于宁夏回族自治区 8 座风电场的数据进行算例分析，验证了所提方法的有效性。

3.3.2 基于减法聚类和 GK 模糊聚类算法的气象条件分类方法

1. 减法聚类

减法聚类是一种计算速度较快的近似聚类算法，其将每一个样本点均视为聚类中心的候选点，因此其计算量与样本数量呈现简单的线性关系，与待解决问题的维度等其他因素无关。减法聚类首先计算每个样本点 x_i 的密度指标 I_i'，计算方法如式（3.17）所示，然后选择密度指标最高的数据点 x_{c1}，将其作为第一个聚类中心，设 x_{c1} 对应的密度指标为 I_{c1}'。

$$I_i' = \sum_{j=1}^{n} \exp\left(-\frac{\|x_i - x_j\|^2}{(r_a/2)^2} \right) \tag{3.17}$$

式中，n 为样本点个数；r_a 为该点的领域半径，处于半径内的数据点对该点的密度指标贡献较大，本节根据最佳经验将 r_a 设为 0.5。

若数据点 x_{ck} 为第 k 次得到的聚类中心，I_{ck}' 为其对应的密度指标，则其他数据点 x_i（$x_i \neq x_{ck}$）的密度指标可基于式（3.18）进行修正，然后选择最高密度指标对应的样本点 x_{ck+1} 作为新的聚类中心。

$$I_i' = I_i' - I_{ck}' \exp\left(-\frac{\|x_i - x_{ck}\|^2}{(r_b/2)^2} \right) \tag{3.18}$$

式中，r_b 为领域半径，其取值范围为（1.2~1.5）r_a，本节取值为 $r_b = 1.2 r_a$。

不断重复以上过程直至满足下式：

$$\frac{I_{ck+1}'}{I_{c1}'} < \delta \tag{3.19}$$

式中，δ 为给定的参数，满足 $0 < \delta < 1$，该参数影响最终的最大聚类数目 c_{max}。

2. GK 模糊聚类算法

模糊 C-均值（Fuzzy C-Mean，FCM）是一种常用的聚类算法，但该方法未提及数据集的结构，因此 Gustafson 和 Kessel 利用诱导矩阵对 FCM 算法进行改进并提出了 GK（Gustafson-Kessel）模糊聚类算法。GK 模糊聚类算法同样是一种基于目标函数的聚类算法，其对初值的选取极为敏感，如果没有合理设置初始值将导致模型陷入局部最优解。因此本节利用减法聚类初始化 GK 模糊聚类算法的初值，从而在加快收敛速度的基础上保证全局最优解。

给定包含 n 个样本且每个样本为 m 维的样本集 X：

$$X = \begin{pmatrix} x_1 \\ x_2 \\ \vdots \\ x_n \end{pmatrix} = \begin{pmatrix} x_{11} & x_{12} & \cdots & x_{1m} \\ x_{21} & x_{22} & \cdots & x_{2m} \\ \vdots & \vdots & & \vdots \\ x_{n1} & x_{n2} & \cdots & x_{nm} \end{pmatrix} \tag{3.20}$$

设样本集 X 划分为 p（$2 \leq p \leq n$）类，则每类的聚类中心 C_{ent} 可以表示为

$$C_{ent} = \begin{pmatrix} o_1 \\ o_2 \\ \vdots \\ o_p \end{pmatrix} = \begin{pmatrix} o_{11} & o_{12} & \cdots & o_{1m} \\ o_{21} & o_{22} & \cdots & o_{2m} \\ \vdots & \vdots & & \vdots \\ o_{p1} & o_{p2} & \cdots & o_{pm} \end{pmatrix} \tag{3.21}$$

若 $\mu_{ij}(i=1,2,\cdots,p;j=1,2,\cdots,n)$ 为第 j 个样本对于类型 i 的隶属度，且满足 $\sum_{i=1}^{p} \mu_{ij} = 1(j=1,2,3,\cdots,n)$，则模糊划分矩阵 U 可表示为

$$U = \begin{pmatrix} \mu_{11} & \mu_{12} & \cdots & \mu_{1n} \\ \mu_{21} & \mu_{22} & \cdots & \mu_{2n} \\ \vdots & \vdots & & \vdots \\ \mu_{p1} & \mu_{p2} & \cdots & \mu_{pn} \end{pmatrix} \tag{3.22}$$

GK 模糊聚类算法是通过最小化目标函数 $F(U,C_{ent})$ 实现，$F(U,C_{ent})$ 如下式所示：

$$F(U,C_{ent}) = \sum_{i=1}^{p} \sum_{j=1}^{n} \mu_{ij}^2 Y_{ij}^2 \tag{3.23}$$

式中，Y_{ij}^2 为相似性度量函数，表示样本 x_j 和聚类中心 o_i 的相似距离，该参数决定了聚类的形状。Y_{ij}^2 的计算过程如式（3.24）~式（3.26）所示：

$$Y_{ij}^2 = (x_j - o_i)^T Z_i (x_j - o_i) \tag{3.24}$$

$$Z_i = \det(\rho_i F_i)^{\frac{1}{n}} F_i^{-1} \tag{3.25}$$

$$F_i = \frac{\sum_{j=1}^{n} \mu_{ij}^b (x_j - o_i)(x_j - o_i)^T}{\sum_{j=1}^{n} \mu_{ij}^b} \tag{3.26}$$

式中，Z_i 为正定矩阵；ρ_i 为常数，为使各个聚类集样本数量均衡，ρ_i 通常取 1；F_i 为

聚类协方差矩阵；b 为加权指数，取值范围为 [1.5，2.5]，本节选择最佳经验值 $b=2$。

最终 GK 模糊聚类算法转化为含等式约束的优化问题：

$$\begin{cases} \min \sum\limits_{i=1}^{p} \sum\limits_{j=1}^{n} \mu_{ij}^{b} Y_{ij}^{2} \\ \text{s. t. } \sum\limits_{i=1}^{p} \mu_{ij} = 1 \qquad j = 1,2,3,\cdots,n \end{cases} \qquad (3.27)$$

利用拉格朗日乘子法求解该优化问题，可以得到第 j 个样本对于类型 i 的隶属度 $\mu_{ij}(i=1,2,\cdots,p;j=1,2,\cdots,n)$，如下式所示：

$$\mu_{ij} = \cfrac{1}{\sum\limits_{l=1}^{p} \left(Y_{ij}/Y_{lj} \right)^{2/(b-1)}} \qquad (3.28)$$

针对样本集 $\boldsymbol{X}$，初始化其聚类数 p 以及算法迭代终止条件 ξ 等参数，然后利用式 (3.29) 更新其聚类中心 o_i，进而计算相似性度量函数 Y_{ij}^2，并基于式 (3.28) 更新模糊划分矩阵 $\boldsymbol{U}$，判断是否满足迭代终止条件 $\|\boldsymbol{U}(t+1)-\boldsymbol{U}(t)\|<\xi$，其中 $\xi=1\times 10^{-5}$。如果不满足则继续更新聚类中心 o_i 并不断重复以上步骤，直至满足算法终止条件。

$$\boldsymbol{o}_i = \cfrac{\sum\limits_{j=1}^{n} \mu_{ij}^{b} \boldsymbol{x}_j}{\sum\limits_{j=1}^{n} \mu_{ij}^{b}} (i = 1,2,\cdots,p) \qquad (3.29)$$

3. 聚类有效性函数

GK 模糊聚类算法需要预先设定聚类类别数，简单的人工设定缺乏科学有效性，本节采用基于可能性分布的聚类有效性函数来确定聚类类别数。基于给定的聚类数 p 以及模糊划分矩阵 $\boldsymbol{U}$，划分系数 $F(\boldsymbol{U};p)$ 如下式所示：

$$F(\boldsymbol{U};p) = \frac{1}{n} \sum_{i=1}^{p} \sum_{j=1}^{n} \mu_{ij}^2 \qquad (3.30)$$

可能性划分系数 $P(\boldsymbol{U};p)$ 定义为

$$P(\boldsymbol{U};p) = \frac{1}{p} \sum_{i=1}^{p} \left(\sum_{j=1}^{n} \mu_{ij}^2 \Big/ \sum_{j=1}^{n} \mu_{ij} \right) \qquad (3.31)$$

设 $\varOmega_p$ 是所有模糊划分矩阵 $\boldsymbol{U}$ 的一个最优有限集，对于给定的模糊划分矩阵 $\boldsymbol{U}$ 和聚类数 p，基于可能性分布的聚类有效性函数 $v_{FP}(\boldsymbol{U};p)$ 定义为

$$v_{FP}(\boldsymbol{U};p) = F(\boldsymbol{U};p) - P(\boldsymbol{U};p) \qquad (3.32)$$

对 $\boldsymbol{U} \in \varOmega_p$，如果存在 $(\boldsymbol{U}^*;p^*)$ 满足下式，那么此时 $(\boldsymbol{U}^*;p^*)$ 便是最佳有效性聚类。

$$v_{FP}(\boldsymbol{U}^*;p^*) = \min_{p} \left\{ \min_{\varOmega_p} v_{FP}(\boldsymbol{U};p) \right\} \qquad (3.33)$$

4. 气象条件分类流程

本节综合考虑减法聚类以及 GK 模糊聚类算法的优点，提出基于减法聚类和 GK 模糊聚类算法的气象条件分类方法。该方法利用减法聚类初始化 GK 模糊聚类算法的参数，并利用聚类有效性函数判定聚类数的合理性，克服了传统 GK 模糊聚类算法需要事先给定聚类数的缺点，避免了陷入局部最优解。具体步骤如下：

1）基于历史数据集，选择各时刻的 10m 以及 100m 高度风速、风向等气象量来构造气象特征向量 X，令 $\delta = 0.5$，对 X 进行减法聚类得到聚类上限 c_{max}。

2）取 $p = 1, 2, \cdots, c_{max}$，初始化模糊划分矩阵 U，利用 GK 模糊聚类算法求解理想划分矩阵 U_p。

3）求解出 U_p 对应的聚类有效性函数 $v_{FP}(U; p)$。

4）如果聚类数目 p^* 和模糊划分矩阵 U^* 符合有效性评判条件，那么此时便获得了最佳的有效性聚类，其中 p^* 即为最优的气象条件类型数。如果矩阵 U^* 的第 j 列中 $U_{ij}^*(i = 1, 2, \cdots, p^*; j = 1, 2, \cdots, n)$ 最大，则样本 j 属于第 i 种气象条件类型，以此类推可以获得每种典型气象条件对应的样本集合。

5）第 i 种气象条件类型的聚类中心 $o_i (i = 1, 2, \cdots, p^*)$ 可以根据下式获得：

$$o_{ij} = \frac{1}{q_i} \sum_{k=1}^{q_i} x_{kj} (i = 1, 2, \cdots, p^*, j = 1, 2, \cdots, m) \tag{3.34}$$

式中，q_i 为第 i 种气象条件所含的样本数；m 为每个样本具有的特征数。

3.3.3　基于气象分类和 XGBoost 的短期风电场功率预测

1. XGBoost 模型原理

XGBoost 模型通过引入 Hessian 矩阵将损失函数泰勒展开为二阶形式，进而将原来的优化问题转变成求解凸函数最优解的问题，克服了梯度提升决策树算法存在的难以实施分布式计算的难题。此外，XGBoost 模型通过正则化来约束树的复杂度，降低了模型发生过拟合的风险。假定 XGBoost 模型包括 K 棵树，则该模型可以表示为

$$y_i' = \sum_{k=1}^{K} f_k(x_i), \quad f \in F' \tag{3.35}$$

式中，x_i 为第 i 个样本；K 为树的总数量；$f_k(x_i)$ 为基于第 k 棵树得到的样本 i 的预测值；F' 为回归树的空间；y_i' 为模型最终预测值。

XGBoost 模型每一次迭代都会形成一颗新的树，将该新树的预测值记作 $f_t(x_i)$，则第 t 次迭代时模型预测值 $y_{i(t)}'$ 可以表示为

$$y_{i(t)}' = f_t(x_i) + y_{i(t-1)}' \tag{3.36}$$

优化的目标函数 $f_{obj}^{(t)}$ 可以表示为

$$f_{obj}^{(t)} = \sum_{i=1}^{n} l(y_i, y_{i(t-1)}' + f_t(x_i)) + \Omega(f_t) + C' \tag{3.37}$$

式中，n 为样本数量。目标函数包括损失函数 $l(y_i, y'_{i(t-1)} + f_t(x_i))$、正则项 $\Omega(f_t)$ 以及常数项 C' 三部分。

将损失函数展开为二阶形式，去除常数项，目标函数变为

$$f_{obj}^{(t)} = \sum_{i=1}^{n} \left(g_i f_t(x_i) + \frac{1}{2} h_i f_t^2(x_i) \right) + \Omega(f_t) \tag{3.38}$$

式中，一阶梯度统计 g_i 和二阶梯度统计 h_i 分别如式（3.39）和式（3.40）所示：

$$g_i = \partial_{y'_{i(t-1)}} l(y_i, y'_{i(t-1)}) \tag{3.39}$$

$$h_i = \partial_{y'_{i(t-1)}}^2 l(y_i, y'_{i(t-1)}) \tag{3.40}$$

同时模型的正则项 $\Omega(f_t)$ 可以表示为

$$\Omega(f_t) = \gamma T' + \frac{1}{2} \lambda \sum_{j=1}^{T'} w_j^2 \tag{3.41}$$

式中，γ 和 λ 均为模型参数；T' 为树中所有叶子节点的数目；w_j 为树中第 j 个叶子节点具有的权重。

若定义 $G_i = \sum_{i \in I_j} g_i$、$H_i = \sum_{i \in I_j} h_i$，其中 I_j 是第 j 个叶子节点具有的所有样本集合，目标函数可进一步简化为

$$f_{obj}^{(t)} = \sum_{j=1}^{T'} \left(G_i w_j + \frac{1}{2} (H_i + \lambda) w_j^2 \right) + \gamma T' \tag{3.42}$$

即目标函数可以转变为与叶子节点权重有关的一元二次方程，最终树的结构最优化便转换为求解函数最优解的问题，即：

$$f_{obj} = \gamma T' - \frac{1}{2} \sum_{j=1}^{T'} \frac{G_j^2}{\lambda + H_j} \tag{3.43}$$

目标函数 f_{obj} 的值越小，表示树结构越优。

2. 基于改进粒子群算法的超参数优化

预测模型中通常存在若干重要参数，可以影响最终的预测精度，本节基于改进粒子群算法对模型参数进行寻优。粒子群算法属于一种集群智能随机优化算法，该算法首先对一群具有速度和位置两种属性的随机粒子进行初始化，其中位置即当前粒子所处的位置，速度则决定了粒子的运动快慢和方向。各粒子均独立地在搜索空间中寻找最优解，并将其作为当前个体的极值。对比所有粒子的个体极值，并把最优的个体极值记作该粒子群的当前全局最优解 g_{best}，所有粒子均基于全局最优解 g_{best} 以及自身的当前个体极值 $g_{present}$ 来不断调整自己的速度以及所在位置，该过程以下公式所示：

$$V^{t+1} = W V^t + C_1 R(\cdot)(g_{present}^t - x^t) + C_2 R(\cdot)(g_{best}^t - x^t) \tag{3.44}$$

$$x^{t+1} = x^t + V^{t+1} \tag{3.45}$$

式中，V^t 和 V^{t+1} 分别为第 t 次和 $t+1$ 次迭代时粒子具有的速度；x^t 和 x^{t+1} 分别为第 t 次和第 $t+1$ 次迭代时粒子所处的位置；$R(\cdot)$ 为（0, 1）范围内的随机数；C_1 和 C_2

为学习因子，通常情况下 $C_1 = C_2 = 2$；W 为惯性权重。

惯性权重 W 使粒子有能力在新的区域进行搜索，如果 W 取值较大，粒子可以在未搜索过的区域进行搜索，即粒子的全局搜索能力较强；如果 W 取值较小，粒子主要在附近区域进行搜索，即粒子的局部搜索能力较强。本节提出一种线性递减的权重策略对传统的粒子群算法进行改进，以增强迭代优化初期模型的全局搜索能力并提高模型收敛速度，同时增强迭代优化后期模型的局部搜索能力以保证模型可靠收敛。在迭代优化过程中，惯性权重 W 按下式线性衰减：

$$W = (W_{start} - W_{end}) \frac{I_{max} - I}{I_{max}} + W_{end} \tag{3.46}$$

式中，W_{start} 和 W_{end} 分别为惯性权重的起始值以及终止值，通常 W_{start} 与 W_{end} 分别取值为 0.9 和 0.4；I 为当前的迭代次数；I_{max} 为最高迭代次数。

树的数目、最大树深度以及学习率是 XGBoost 模型的三个重要参数，本节采用改进粒子群算法对其进行优化，具体步骤如下：

1）根据待优化参数数量确定粒子维度为 3，初始化粒子的位置和速度属性，基于预测结果的 NMAE 构建适应度函数。

2）在三维的搜索空间中，第 t 次迭代第 i 个粒子的位置记为 $x_i^t = [x_{i1}, x_{i2}, x_{i3}]$，其中 x_{i1}、x_{i2}、x_{i3} 分别为树的数目、最大树深度以及学习率三个参数的取值，然后计算第 i 个粒子此时的适应度函数 F_i^t；在第 $t+1$ 次迭代时，对第 i 个粒子速度和位置属性进行更新，并计算新的适应度函数 F_i^{t+1}；如果 $F_i^{t+1} < F_i^t$，则对该粒子的个体最优值进行更新。粒子群的所有粒子均进行以上操作，从所有粒子中选出适应度最小的粒子，其他粒子也将向该粒子所在的位置移动。

3）计算粒子新参数下的适应度函数，并与之前的适应度函数作对比，决定粒子的个体最优值的更新，进而基于所有粒子的个体最优值实现全局最优值的更新。

4）迭代终止条件为达到最大迭代次数或者算法收敛，最终得到全局最优适应度值和最优位置，其中最优位置即为对应的三个参数取值。

3. 基于气象分类和 XGBoost 的短期风电功率单值预测框架

综合上文，本节提出的基于气象分类和 XGBoost 的短期风电功率预测方法流程图如图 3.8 所示，所提方法主要包括数据准备、气象条件划分、功率预测模型建立、风电功率预测四部分。具体步骤如下：

1）数据准备：基于历史 NWP 数据和历史风电功率数据进行相关性分析，确定选取 10m 风速、100m 风速、10m 风向和 100m 风向四个气象量构造气象特征向量。

2）气象条件划分：将数据集分割为训练集和测试集，基于训练集数据采用减法聚类和 GK 模糊聚类算法进行气象条件分类，此时训练集进一步被分为几种典型的气象条件数据集。

3）功率预测模型建立：将各气象条件的数据集分别划分为训练集 A 和训练集 B 两部分，基于训练集 A 训练 XGBoost 模型从而得到各气象条件对应的初步功率预测模型，基于训练集 B 采用改进粒子群算法对 XGBoost 的三种参数进行优化。

4）风电功率预测：基于测试集 C，利用模糊划分矩阵 U^* 判断各时刻所属的气象条件类型，然后利用对应气象条件下的 XGBoost 模型进行预测，得到最终的风电功率预测结果。

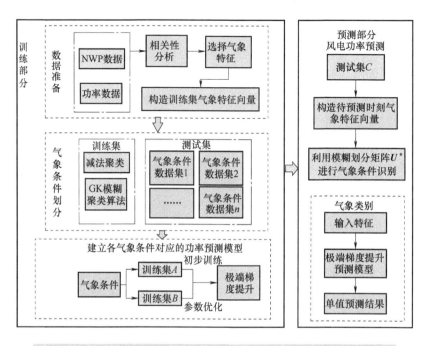

图 3.8　基于气象分类和 XGBoost 的短期风电功率预测方法流程图

3.3.4　算例分析

本节选取宁夏回族自治区 8 座风电场的数据进行模型效果验证，设置四个对比模型：M1 表示考虑气象分类，利用 XGBoost 模型进行预测；M2 表示考虑气象分类，利用随机森林算法进行预测；M3 表示考虑气象分类，利用 BP 神经网络进行预测；M4 表示不考虑气象分类，利用 XGBoost 模型进行预测。本节所提模型 M5 表示考虑气象分类，利用经过改进粒子群算法参数优化的 XGBoost 模型进行预测。模型测试时，基于 2017~2018 年的数据进行气象条件划分，并将各气象条件对应的数据集作为训练集来初步训练模型和参数优化，将 2019 年的数据作为测试集测试模型预测效果，选取 NMAE 和 NRMSE 指标进行预测精度评估，预测尺度为超前 72h。

No. 1~No. 8 风电场的典型气象条件聚类结果分别为 3 类、2 类、4 类、3 类、3

类、3 类、3 类、4 类，其中 No. 6 风电场三类气象条件的聚类中心见表 3. 11，表中各气象变量均为归一化后的结果。归一化风向值为 0 或者 1 表示北风，归一化风向值为 0. 25 表示东风，归一化风向值为 0. 5 表示南风，归一化风向值为 0. 75 表示西风。分析可知，气象条件 1 的聚类中心属于低风速东北风向，气象条件 2 的聚类中心属于中风速西南风向，气象条件 3 的聚类中心属于高风速西南风向。No. 6 风电场的各气象条件对应的 XGBoost 模型参数经过改进粒子群算法优化后的结果见表 3. 12。

表 3. 11　No. 6 风电场三类气象条件聚类中心

气象条件	10m 风速	100m 风速	10m 风向	100m 风向
气象条件 1	0. 13	0. 13	0. 16	0. 18
气象条件 2	0. 28	0. 27	0. 65	0. 69
气象条件 3	0. 55	0. 55	0. 71	0. 74

表 3. 12　各气象条件对应的 XGBoost 模型参数优化后结果

参数	气象条件 1	气象条件 2	气象条件 3
树的数目	221	195	258
最大树深度	6	4	5
学习率	0. 2	0. 1	0. 3

表 3. 13 列出了所提模型和各对比模型在 8 座风电场进行预测测试时的 NMAE 值。分析可知所提模型 8 座风电场的预测平均 NMAE 值为 9. 37%，而对比模型 M1、M2、M3 和 M4 的 8 座风电场的预测平均 NMAE 值分别为 10. 23%、10. 43%、11. 87% 和 12. 86%，同时所提模型在每座风电场的预测表现上均优于四个对比模型。对比模型 M1 和 M4 可发现，同样利用 XGBoost 模型，考虑气象分类后风电功率预测 NMAE 可以从 12. 86% 降低至 10. 23%，证实了所提的气象分类的有效性。同时与模型 M1 相比，所提模型 M5 的 8 座风电场预测平均 NMAE 降低了 0. 86%，表明利用改进粒子群算法进行模型超参数优化可以进一步提高风电功率预测精度。

表 3. 13　各对比模型 NMAE 值　　　　　　　（%）

	M1	M2	M3	M4	M5
No. 1	10. 22	9. 93	10. 8	11. 32	9. 43
No. 2	10. 71	10. 53	11. 26	12. 13	10. 11

（续）

	M1	M2	M3	M4	M5
No. 3	10. 62	10. 94	12. 19	13. 21	9. 35
No. 4	9. 13	10. 01	13. 15	13. 51	8. 94
No. 5	10. 22	10. 05	14. 31	14. 71	9. 72
No. 6	9. 44	10. 32	10. 62	13. 22	9. 18
No. 7	10. 14	10. 51	10. 54	12. 18	9. 87
No. 8	9. 19	9. 82	10. 21	11. 73	8. 31
平均	10. 23	10. 43	11. 87	12. 86	9. 37

所提模型和对比模型在不同季节的预测表现如图 3.9 所示，可以看出所提模型的预测误差在一年四季中变化较小，展示出了较强的稳定性。此外，可以直观看出所提模型一年四季的 NMAE 值和 NRMSE 值在所有展示的模型中均是最小的，表明了所提模型具有较高的预测精度。同时，模型 M4 在四个季节的预测误差均较高，表明在不同的气象条件下采用同个模型预测会产生较大的预测误差，合理的气象分类预测建模有利于风电功率预测精度的提升。对比模型 M1 和所提模型 M5，可以发现模型 M5 在春夏秋冬四季的 NMAE 值和 NRMSE 值均低于模型 M1，表明利用改进粒子群算法对 XGBoost 模型进行超参数优化的有效性较高。

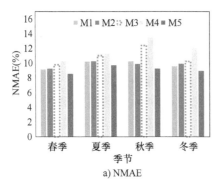
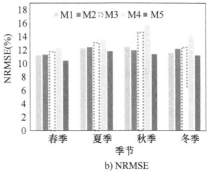

a) NMAE b) NRMSE

图 3.9　各模型不同季节预测表现

为直观说明预测效果，以 No. 6 风电场为例，在春夏秋冬四个季节利用各模型对该风电场进行超前 72h 风电功率预测，结果如图 3.10 所示。可以看出模型 M4 在春夏秋冬四个季节的预测结果均存在较大的幅值差和相位差，进一步证实了不同气象条件下采用同个模型进行风电功率预测存在较大的预测误差。利用所提模型 M5

在四个季节得到的风电功率预测结果均接近真实功率，验证了所提短期预测方法具有优异的预测性能。图 3.11 所示为所提模型对 No.6 风电场进行预测时相对预测误差（Relative Prediction Error，RPE）值随时间的变化曲线，可以看出相对预测误差值分布在 0 附近，虽然相对预测误差的绝对值随着预测时长的增加而不断增大，但是始终小于 12%，也表明了所提模型的优越性。

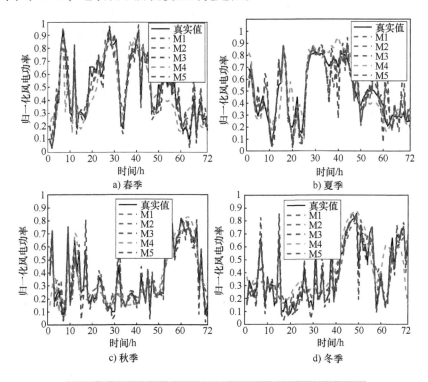

图 3.10　No.6 风电场超前 72h 风电功率预测变化结果

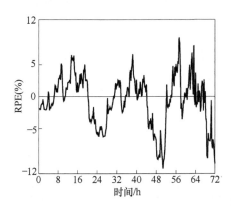

图 3.11　No.6 风电场站相对预测误差值变化曲线

3.4 风电集群功率预测

3.4.1 概述

单一风电场功率预测关注重点在风电场侧，然而其空间尺度与电网调度侧需求不相匹配。一方面，对电力系统调度中心而言，其在制定常规火电/水电机组发电计划、最优机组组合、机组启停等过程中，更加关注电网内风电功率总量的波动情况，单一风电场发电功率对电网调度的作用不太明显。另一方面，大规模、集群化风电统一上网对电网节点电压、频率稳控造成一定困难，有效的风电集群功率预测可缓解其对电力系统造成的冲击。再者，我国风资源分布不均匀，尽管北方的风资源丰富，适合大规模开发风电，但是电网对风电消纳能力不足制约了其进一步发展，跨区域风电调度是我国未来风电发展的趋势，有效的风电集群功率预测可以为跨区域风电调度提供基础数据支撑。

风电集群通常包含十几个至数十个风电场，相比单一风电场预测，其空间范围更为广泛，风电场之间存在明显的时间和空间关联关系，可利用的数据资源更加丰富，但是也存在数据量大、解释变量多、数据冗余明显的问题。本节针对风电集群功率预测展开探究，通过数据结构化表达、卷积神经网络（Convolutional Neural Network，CNN）与长短时记忆神经网络（Long Short-Term Memory，LSTM）深度学习技术的应用，深入挖掘风电集群功率预测输入数据的时空关联关系，提升网络构建的有效性与高效性。结合 CNN 处理高维数据的优势和 LSTM 在时序记忆信息方面的优势构建了一种时空网络，对输入数据进行重组，针对性地构造了一种能够反映输入数据时空特征的特征图表，最终构建了一种时空特征深度挖掘的风电集群功率预测模型。

3.4.2 时空特征深度挖掘的风电集群功率预测模型

深度学习可以直接处理风电集群系统中不确定的相关性，而无需直接对系统建模，此外其在大数据处理以及数据挖掘等方面具有明显的优势。由 CNN 和 LSTM 组成的时空网络充分融合了两者的优势，且已在其他领域成功应用，本节利用时空网络回归模型进行时空特征深度挖掘，进而构建风电集群功率预测模型。

1. 卷积神经网络

CNN 作为最有效的深度学习模型之一，其在数据降维和特征提取方面独具优势。与传统神经网络相比，CNN 的权重共享技术可以减少网络参数、缩短训练时间。CNN 的优势决定了它适合从大量输入数据中提取关键特征，将其用于风电集群功率预测恰到好处。通常 CNN 由输入层、卷积层、池化层和全连接层组成，其中卷积层和池化层是数据降维和特征提取的关键网络层。

卷积层具有权重共享和局部连接的特点，可以高效地进行数据降维和关键特征提取，实现这一过程的关键是使用各种共享卷积核进行卷积运算。通常，每个特征图表作为一个整体输入，卷积核在当前位置与输入特征图表的每个元素进行卷积，得到一个新元素。然后卷积核在输入特征图表上顺序移动执行卷积操作，从而获得一系列相应的新元素，这些新元素在卷积层中形成新的特征图表，新的特征图表比输入特征图表具有更低的维度。按照这种方式，多个卷积核可以在卷积层中生成多个新特征图表。卷积运算由下式表示：

$$c_i^l = f_1\Big(\sum_{i=1}^n x_i * w_i^l + b_j\Big) \tag{3.47}$$

式中，c_i^l 为通过卷积计算获得的卷积层中第 l 个特征图表的第 i 个元素；x_i 为输入特征图表的第 i 个元素；w_i^l 为第 i 个卷积核的第 l 个元素；b_j 为偏置量；f_1 为激活函数；$*$ 代表卷积操作。

经过卷积层之后，池化层利用下采样法进一步进行数据降维和特征提取，通常下采样包括最大池化和均值池化两种方式，本节使用后者。在均值池化过程中，卷积层的每个特征图表都被等分为非重叠的相同维度的多个子模块，然后每个子模块通过下采样方式聚合成一个新元素。以此方式，卷积层中的每个特征图表在池化层中形成新的低维特征图，如下式所示：

$$p_j^l = \frac{1}{N} f_2\Big(\sum_{i=1}^M c_{j,i}^l + b_h\Big) \tag{3.48}$$

式中，p_j^l 为池化层中第 l 个特征图表的第 j 个元素；$c_{j,i}^l$ 为卷积层中第 l 个特征图表的第 j 个子模块的第 i 个元素；M 为子模块的维度；b_h 为偏置量；f_2 为激活函数。

显然，通过卷积层和池化层，输入特征图表可以被处理成一个低维的向量，然后通过全连接层处理成一维向量。因此，CNN 可以有效地进行数据降维和特征提取，其整体框架如图 3.12 所示。

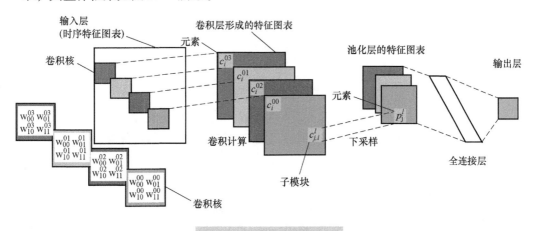

图 3.12　CNN 整体框架

2. 长短时记忆神经网络

LSTM 由循环神经网络发展而来，其在处理长期的记忆信息方面独具优势，可以避免"梯度消失"问题。LSTM 最先由 Hochreiter 和 Schmidhuber 在 1997 年提出，其主结构为一个循环单元，包含多个特殊的乘法单元，称为"门"，以控制信息流在网络中的时序状态。输入门控制输入的激活流程，其中包含当前输入数据和上一时刻信息的输出值；输出门控制着输出的激活流程；遗忘门控制最后时刻存储单元信息的遗忘程度。三个门有序协作以遗忘无效信息和记忆有利信息，其详细结构如图 3.13 所示。

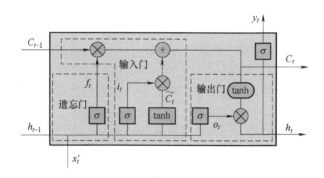

图 3.13　LSTM 结构

首先，遗忘门读取上一时刻的输出数据和当前时刻的输入数据，通过 Sigmoid 函数作为激活函数得到一个衰减系数，与上一时刻的记忆单元进行计算，该过程描述为：

$$f_t = \sigma(w_{f1}h_{t-1} + w_{f2}x'_t + b_f) \tag{3.49}$$

式中，σ 为 Sigmoid 函数；w_{f1}、w_{f2} 为权重；b_f 为偏置量；f_t 为衰减系数且 $f_t \in [0,1]$；x'_t 为当前输入值；h_{t-1} 为上一时刻输出值。

同理，输入门的过程描述为

$$i_t = \sigma(w_{i1}h_{t-1} + w_{i2}x'_t + b_i) \tag{3.50}$$

$$\widetilde{C}_t = \tanh(w_{c1}h_{t-1} + w_{c2}x'_t + b_c) \tag{3.51}$$

式中，w_{i1}、w_{i2}、w_{c1}、w_{c2} 为权重；b_i、b_c 为偏置；$\widetilde{C}_t$ 为临时记忆单元。

当前记忆单元可以通过上一时刻的记忆单元和临时记忆单元获得：

$$C_t = f_t C_{t-1} + i_t \widetilde{C}_t \tag{3.52}$$

最终，由输出门实现信息输出：

$$o_t = \sigma(w_{o1}h_{t-1} + w_{o2}x_t + b_0) \tag{3.53}$$

$$h_t = o_t \tanh(C_t) \tag{3.54}$$

式中，w_{o1} 和 w_{o2} 为权重；b_0 为偏置量。

3. 基于时空特征深度挖掘的风电集群功率预测模型

大量研究表明，在风电集群功率预测过程中考虑时空相关性能提高预测效果。时空网络在处理高维数据和记忆时序关系等方面具有一定的优势，本节针对性地提出一种能够反映风电集群场站空间关系和时序关系的时序特征图表，如图 3.14 所示。

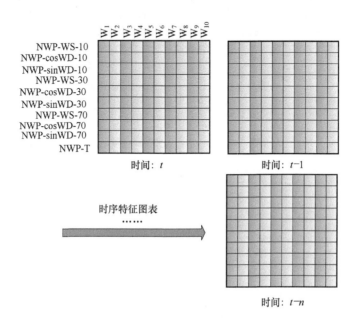

图 3.14　时序特征图表

在时序特征图表的构建过程中，首先计算各个风电场发电功率与风电集群总功率之间的相关性，结果见表 3.14，可见风电集群发电总功率与各风电场功率紧密相关。这里选择相关性最大的风电场站，即风电场 2 作为基准风电场。

表 3.14　各风电场发电功率与风电集群总功率之间的相关系数

风电场	互相关系数	风电场	互相关系数
风电场 1	0.508	风电场 6	0.412
风电场 2	0.651	风电场 7	0.585
风电场 3	0.527	风电场 8	0.492
风电场 4	0.697	风电场 9	0.576
风电场 5	0.527	风电场 10	0.483

将选出的基准风电场列于特征图表的第一位，其他风电场依据相关系数依次排列，每个风电场下都列出各自的解释变量。通过这种方式，形成了具有丰富的空间相关性信息的一个特征图表，同时，多个时间顺序特征图表将组成富含时序关系的时序特征图表。表 3.15 为特征图表中缩写的含义。

表 3.15　特征图表中缩写的含义

缩写名称	代表含义	缩写名称	代表含义
W_1	基准风电场	NWP-WS-10	10m 风速
W_2	风电场 2	NWP-cosWD-10	10m 风向余弦值
W_3	风电场 3	NWP-sinWD-10	10m 风向正弦值
W_4	风电场 4	NWP-WS-30	30m 风速
W_5	风电场 5	NWP-cosWD-30	30m 风向余弦值
W_6	风电场 6	NWP-sinWD-30	30m 风向正弦值
W_7	风电场 7	NWP-WS-70	70m 风速
W_8	风电场 8	NWP-cosWD-70	70m 风向余弦值
W_9	风电场 9	NWP-sinWD-70	70m 风向正弦值
W_{10}	风电场 10	NWP-T	温度

图 3.15 展示了利用时空网络回归算法构建的时空特征深度挖掘风电集群功率预测模型的完整架构。模型的输入是时序特征图表，每个特征图表都输入到一个独立的 CNN 中，每个网络单元由三个卷积层、三个池化层和一个全连接层组成。通过 CNN 提取风电场之间的空间特征并实现降维，进而将特征图表转换为一维数据集，然后将其输入到 LSTM 网络计算当前的信息，并作为下一个 LSTM 网络的输入，以提取时间相关性，每个 LSTM 网络的输出数据输入到下一个全连接层，最终通过计算损失函数由梯度下降算法优化求解网络模型参数。

3.4.3　算例分析

1. 数据集划分

本节利用江苏某风电基地的 10 个风电场数据进行模型精度测试，将其划分为训练集、验证集、测试集。训练集用于构建预测模型；验证集用于调整训练次数，以避免过度拟合，增强模型泛化能力；测试集用于验证模型的效果。关于数据集划分的详细描述见表 3.16，训练集从 2016 年 1 月 1 日开始至 2016 年 6 月 1 日共 17472 条数据，验证集从 2016 年 6 月 1 日开始至 2016 年 7 月 1 日共 5952 条数据，

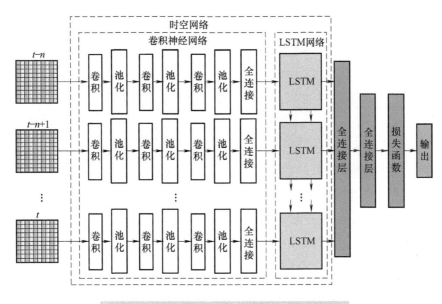

图 3.15　利用时空网络回归算法构建的模型

测试集从 2016 年 11 月 1 日开始至 2016 年 12 月 1 日共 2976 条数据。采用 NMAE 和 NRMSE 对模型预测精度进行整体评价。

表 3.16　数据集划分情况

数据集	时间	数据量（条）
训练集	2016 年 1 月 1 日 0:00—2016 年 6 月 1 日 0:00	17472
验证集	2016 年 6 月 1 日 0:00—2016 年 7 月 1 日 0:00	5952
测试集	2016 年 11 月 1 日 0:00—2016 年 12 月 1 日 0:00	2976

2. 对比模型

为了验证时空特征深度挖掘的风电集群功率预测模型的性能，本节利用 BP 神经网络回归模型、改进 BP 神经网络回归模型作为对比模型。其中 BP 神经网络输入为基准风电场的解释变量。为了适应风电集群发电功率预测数据量大、变量多的特点，改进 BP 神经网络的结构如图 3.16 所示，输入层采用局部连接的方式，输入数据按照风电场进行了分类，不同颜色的神经元代表不同风电场的输入。在输入层至隐含层的训练计算过程中，不同风电场数据之间不存在交叉学习，该过程可以视为每个风电场内部信息的特征提取。随后的隐含层是全连接的，该部分可以视为在第一层提取完风电场内部关键特征后的风电场关联信息学习。通过这种方式减少了输出层至隐含层的冗余计算，缓解了计算压力。

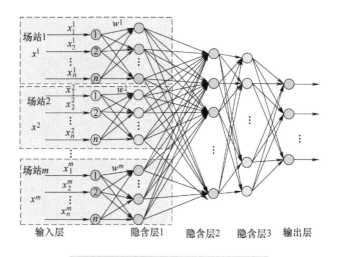

图 3.16 改进 BP 神经网络结构图

3. 结果对比

将本节所提的时空网络回归预测模型记为 CNN-LSTM，对比模型的 BP 神经网络标记为 BPNN，改进 BP 神经网络标记为 IBPNN。表 3.17 列出了 NMAE 和 NRMSE 两种评价指标的对比结果。由表 3.17 可知，本节所提的时空网络模型 CNN-LSTM 的 NMAE 和 NRMSE 分别为 11.35% 和 16.24%，相比 IBPNN 分别降低了 0.76 和 0.58 个百分点，相比 BPNN 分别降低了 4.03 和 3.52 个百分点。由此可以看出，相比 BPNN 直接学习基准风电场解释变量和风电集群功率的非线性关系，通过改进 BPNN 结构对风电场内部特征提取后进行风电场关联关系的学习，预测精度得到了明显的提升。进一步地，通过 CNN 和 LSTM 网络融合构建时空网络，风电场之间的空间特性以及时间特性得以充分地融合与学习，进一步提升了风电集群功率的预测精度。

表 3.17 三种预测模型的 NMAE 和 NRMSE （%）

	CNN-LSTM	IBPNN	BPNN
NMAE	11.35	12.11	15.38
NRMSE	16.24	16.82	19.76

图 3.17 所示为三个预测模型在 2016 年 11 月 4 日~6 日归一化的风电集群功率预测曲线，时间分辨率为 15min，预测时间尺度为超前 72h。从图中可以看出，CNN-LSTM 模型的预测曲线更加接近观测功率曲线，并且随着预测时间的延长，这种优势更加凸显，说明时空特征深度挖掘的预测模型具有更出色的预测效果。

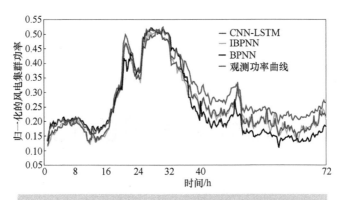

图 3.17 CNN-LSTM、IBPNN、BPNN 三种预测模型在 2016 年 11 月 4 日—6 日的预测曲线

3.5 本章小结

　　本章重点探讨了风电功率单值预测模型，从风电功率序列的气象相依特性与时序波动特性分析出发，为功率预测模型输入特征构建提供依据。针对超短期风电功率预测多以固定方程组以及显式函数描述，难以准确描述风电系统动态特征的问题，本章提出一种基于多变量动态规律建模的风电功率预测模型，模型可充分考虑数值气象影响和风电功率的时序特性，显著提升了超短期预测精度。针对短期风电功率预测高度依赖于数值气象的固有特性，以及不同气象类型下风电功率预测的差异性表现，本章提出了一种基于气象分类的风电功率短期预测模型，显著提升了模型的环境适应能力。在集群空间尺度风电功率预测上，本章针对风电集群功率的空间相关性以及时序相依性，提出一种基于时空网络深度学习的预测模型，可充分提取风电集群的时空多维关联特性，显著降低了预测误差。

Chapter 4
第4章

光伏功率单值预测 ◀◀◀◀

4.1 光伏发电特性分析

4.1.1 气象相依特性

　　光伏功率的变化趋势与太阳辐照度的变化规律大致相同:晴天条件下,光伏功率呈现先上升后下降的变化规律;多云条件下,辐照度受云团移动影响波动剧烈,导致光伏出力波动性增强;阴天条件下,云层较厚且云团分布较广,辐照度持续处于较低水平,光伏出力较低且波动平缓。因此云量通过影响辐照度变化间接影响光伏功率的出力波动,针对云团分布及厚薄情况的预测研究逐渐成为光伏功率预测热点。

　　除此之外,温度、相对湿度、气压、风速、风向等气象要素也与光伏功率存在一定程度的相关性,这里同样利用皮尔森互相关系数衡量气象变量与光伏功率的相关程度,表4.1列出了相关性结果,可以看出短波辐射是影响光伏功率最主要因素,温度和相对湿度次之,其他因素相关程度不高。因此在构建光伏功率预测模型时,在输入变量的选取上可重点考虑短波辐射、温度、相对湿度。

表 4.1　不同气象变量与光伏功率之间的相关系数

气象变量	相关系数	相关程度
温度	0.66	中度相关
相对湿度	-0.60	中度相关
风速	0.27	弱度相关
风向	0.13	弱度相关

（续）

气象变量	相关系数	相关程度
降水	−0.08	弱度相关
气压	0.07	弱度相关
短波辐射	0.71	中度相关

4.1.2　时序波动特性

1. 日周期性

太阳的昼夜变化导致辐照度在白天呈现先升高再下降的波动规律，进而导致光伏发电也表现出明显的日周期特性。如图 4.1 所示为某光伏场站连续三天白天时段的光伏功率曲线，可以看出每天的功率波动趋势基本相同，连续三天均为晴天的条件下光伏功率曲线基本重合，此时的光伏发电量可直接由晴空模型计算出。

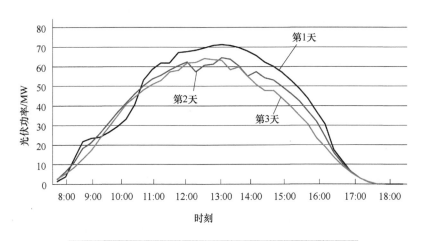

图 4.1　某光伏场站连续三天白天时段光伏功率曲线

2. 时序相关性

同风电功率时间序列类似，光伏发电功率时间序列在一定时间尺度内也具有明显的时序相关性。利用皮尔森互相关系数计算白天时段内不同时刻之间的相关性，结果如图 4.2 所示。可以看出，一方面，临近时刻的光伏功率由于时序惯性的存在具有较高的相关性；另一方面，由于日周期特性的存在，导致以中午为中轴的对称时刻之间也具有较高的相关性。

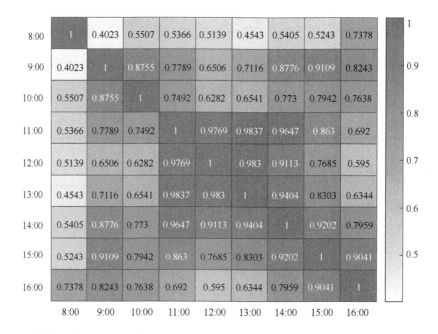

图 4.2 白天时段不同时刻之间的光伏功率互相关系数表（见彩插）

4.2 光伏功率超短期预测

4.2.1 概述

如上文分析，云团对于太阳光线的遮挡是导致光伏出力波动的重要因素，获取云层的分布及移动信息、精准量化云团对于光线的遮挡影响，是进一步提升光伏功率预测精度的关键。近年来基于云图的预测方法逐渐成为精细化超短期光伏功率预测的重要技术方向之一，其中依据云图数据源的不同，有地基云图与卫星云图之分。目前基于地基云图的超短期光伏预测方法研究较为深入，但由于地基云图的观测范围有限、安装维护成本较高，导致其在光伏预测领域难以广泛地推广与应用。与之相比，卫星云图获取便捷、成本较低，因而基于卫星云图的超短期光伏预测方法研究受到越来越多的关注。

本节首先研究多时间尺度下的云团移动预测技术，对于小时级的云图预测，提出基于 CNN-LSTM 的非线性云团移动预测方法；对于分钟级的云图预测，提出基于质心偏移法的线性云团移动预测方法。然后借助卫星云图这一数据源，本节进一步提出了一种特征云区域的动态选择算法，可以更加准确地量化云团对于光伏功率波动的影响。根据云图数据的输入形式,本节构建了基于 CNN-LSTM 的超短期光伏功率预测方法,将云特征信息引入输入变量,进一步提高了模型的预测精度。

4.2.2 多时间尺度云团移动预测

卫星云图中包含了有关云团移动以及厚薄的相关信息,因此可以借助卫星云图中的信息推断出云层遮挡太阳光线的情况,进而模拟光伏出力的变化趋势以实现光伏功率的预测。在整个过程中,准确预估未来时刻云团的移动及变化趋势,获得未来时刻的云图信息,是保障预测准确性的关键。同时电网对超短期光伏功率预测的时间分辨率要求为 15min,然而能够获取的卫星云图时间分辨率为小时级,因此如何预测 15min 分辨率的卫星云图是实现精细化光伏功率预测的重要一环。本节提出了一种多时间尺度下的云团移动预测技术,在小时级时间尺度下,由于云团具有生消变化过程,因此利用 CNN-LSTM 分析历史时刻云团的变化规律以实现云团的非线性移动预测,能更加贴近实际情况;在分钟级时间尺度下,由于云团的变化并不显著,因此基于小时级云团的预测结果利用质心移动法实现了云团移动的线性预测。

1. 基于 CNN-LSTM 的小时级云团移动预测

CNN-LSTM 的相关原理、结构及两者的组合工作过程已在第 3 章的 3.4 节详细讲解,此处不再赘述。基于卫星云图目前已有多种图像特征匹配方法用于预测云团运动,如互相关方法、粒子图像测速方法和光流方法。然而这些方法通常将云视为刚体,即假设云团分布及形状在未来不会发生变化并沿直线移动。然而在实际情况中,云的厚度和形状会随着时间发生动态变化,因此线性预测在小时级尺度云团预测中误差较大。实际上,云团移动预测是一个包含时间和空间因素的非线性时空序列问题,其中时间因子指连续卫星云图序列在时间上的变化,空间因子表示卫星云图中包含的云团运动空间信息。

CNN-LSTM 特别适合处理非线性时空序列问题,如图 4.3 所示为本节所提的基于 CNN-LSTM 的非线性云团移动预测方法框架流程图。假设当前时间为 T,将 $T-2$、$T-1$、T 时刻的历史卫星云图输入 CNN-LSTM,对 $T+1$、$T+2$、$T+3$ 时刻的卫星云图进行预测。由于原始卫星云图不仅包含目标区域云况,还包含很多非目标区域的云况,因此仅截选包含目标区域的部分卫星云图。这里将原始卫星云图截取为以光伏电站位置为中心、大小为 60×60 像素的矩形形状。在该方法中,多个 CNN-LSTM 层级联提取卫星云图特征,综合考虑卫星云图中信息的复杂性和计算效率,设置 6 层级联。同时由于选择了多个卷积核,每个 CNN-LSTM 输出的特征图均为三个维度,分别代表图像长度、图像宽度以及通道数。图中 Conv3D 层用于合并通道,将 3D 特征向量转换为 2D 预测图像。

非线性云团移动预测方法具体操作步骤如下。

首先,将历史连续时刻的卫星云图输入卷积层通过卷积操作以提取相应时刻云团的空间信息,该空间信息包括云分布信息和云层厚度情况。不同于图像识别及图

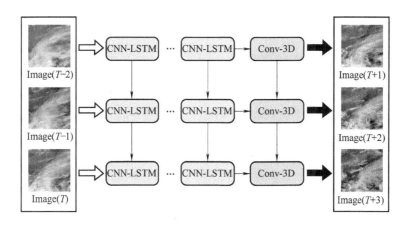

图 4.3 基于 CNN-LSTM 的非线性云团移动预测方法框架流程

像跟踪任务，卫星云图的序列预测所需要捕捉的图像特征相对较少，对于图像细节部分的要求不高，因此在卷积层中仅选用了四个卷积核，卷积核的大小设置为 3×3。基于卷积核的感受野，云图在经过卷积层的卷积操作后，卫星云图被划分成多个云图小块，分别代表着局部的云形状和厚度信息，如图 4.3 所示。

其次，利用 LSTM 挖掘连续时刻下云况信息随时间变化的规律，LSTM 将学习到每个云图块内云况信息随时间推移的变化特征。每个云图块只能反映局部云团的变化趋势，而整个目标区域内云的变化趋势则由每个云图块的变化组合而成。本节所提方法充分考虑了云的非线性运动，每个云图块的变化趋势并不相同，CNN-LSTM 通过卷积与时序操作将学习到每个云图块各自的移动规律并进行预测，这是该方法能够实现云团非线性移动预测的核心，同时也是其与线性移动预测方法最本质上的区别。

在云团预测场景下，损失函数对于模型性能的影响举足轻重，可采用均方误差（Mean Squared Error，MSE）和结构相似度度量（Structural Similarity Index Measurement，SSIM）两种损失函数对模型性能进行测试。均方误差常用于评价数值结果预测误差，也可通过判断两张图像像素矩阵之间的误差大小，实现图像之间相似程度的评估。结构相似性指数度量本身就是一种衡量两幅图片相似度的指标，具体公式在后续部分详细介绍。根据实验结果，这里选取结构相似度度量指标作为 CNN-LSTM 的损失函数。

2. 基于质心偏移法的分钟级云团移动预测

质心法是一种线性预测方法，最初被应用于地基云图的云团线性移动预测。其通过分析历史邻近时刻云团质心的位置变化情况，预估未来时刻的云团运动趋势。该方法的本质是获得云团质心的单位速度矢量，该单位速度矢量乘以对应的时间间隔即可获得这段时间内云团质心的位移。由于该方法的前提是假设云团为刚体，即其形状大小不会随时间发生变化，同时假设云团做线性直线运动，仅适用于分钟级时间尺度云团移动预测。在实际情况中，小时内云团的变化并不显著，云团的改变更多地体现在位置上的移动，形状方面并无较大改变，因此利用质心法进行分钟级云团移动预测是合理的。

图像的质心，也可以表示为图像的重心。如图4.4所示，以一维杠杆为例，当左右两边砝码质量一定时，移动支点的位置使杠杆恰好平衡，则此时的支点位置便称为杠杆的质心，在物理学上即杠杆两侧力矩相同。

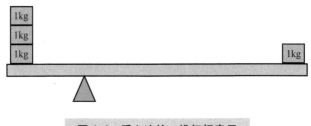

图4.4　质心法的一维杠杆表示

将此概念由一维推广到二维图像便可以找到图像的质心。图像由像素矩阵构成，每个像素位置对应的像素值即反映了该位置的质量。不同于杠杆，图像像素矩阵是二维的，因此需分别求解出 x 方向与 y 方向上各自的质心，即可获得图像的质心坐标 (x_z, y_z)。对于 x 方向上的质心，图像以 x_z 为分界线，左右两边的力矩相同，即所有像素点的像素值与对应距离的乘积和左右相等，y 方向上的质心同理。假定图像任一像素在 x 方向的坐标为 x_i，在 y 方向的坐标为 y_i，该像素点对应的像素值大小为 $p_{i,j}$，则在 x 方向上的质心坐标满足下式：

$$\sum_{i=1}^{n} p_{i,j}(x_i - x_z) = 0 \tag{4.1}$$

将式（4.1）拆开化简，可以获得质心在 x 方向上的坐标值，如下式所示：

$$x_z = \frac{\sum_{i=1}^{n} p_{i,j} \cdot x_i}{\sum_{i=1}^{n} p_{i,j}} \tag{4.2}$$

同理，质心在 y 方向上的坐标值如下式所示：

$$y_z = \frac{\sum_{i=1}^{n} p_{i,j} \cdot y_i}{\sum_{i=1}^{n} p_{i,j}} \tag{4.3}$$

按照相同的思路与方法，可获得不同时刻下图像的质心坐标，假设 T 时刻质心

坐标 Z_T 为 (x_T, y_T)，$T-1$ 时刻质心坐标 Z_{T-1} 为 (x_{T-1}, y_{T-1})，则单位小时下的云团移动的速度矢量 v 可以表示为下式：

$$v = (\Delta x, \Delta y) = (x_T - x_{T-1}, y_T - y_{T-1}) \tag{4.4}$$

根据质心法的原理，未来云团移动的速度矢量与通过历史图像求解出的单位速度矢量相同，因此便可以通过上述获得的单位速度矢量 v 进行线性外推，预测未来时刻的云图图像。以预测 T 时 15 分（简化表示为 $T{:}15$）的云图图像为例，具体操作描述如下：首先利用 T 时刻和 $T-1$ 时刻的云图依据式（4.2）~式（4.4）求解出单位速度矢量 v；其次在 T 时刻的云图中设定目标电站的坐标位置为 $O_{T{:}00(0,0)}$，预测时长为 15min，换算成小时单位则为 1/4h，将速度乘以时间可以获得偏移量，表示为 $(\Delta x/4, \Delta y/4)$；再次将 T 时刻目标电站的坐标位置减去偏移量，便可以获得待预测时刻目标电站的坐标位置 $O_{T{:}15\,(-\Delta x/4,\,-\Delta y/4)}$；最后以待预测时刻目标电站的坐标位置为中心，向四周扩展截取 60×60 像素的正方形区域，该区域便为 $T{:}15$ 的预测云图图像。图 4.5 所示为质心偏移法的流程框架。

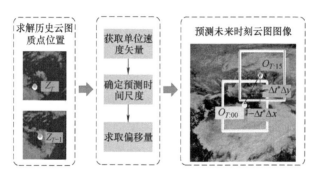

图 4.5　质心偏移法的流程框架

4.2.3　考虑云遮挡的光伏功率超短期预测

基于多时间尺度下的云图预测技术可以获得待预测时刻的云图，下一步需基于预测的云图提取云遮挡特征并建立超短期光伏功率预测模型。本节首先利用特征区域动态选择算法在云图中精准地定位到对太阳光线产生遮挡作用的相关云区域，提取云遮挡特征以更精准地量化云团对光伏功率波动的影响。云遮挡特征由图像格式以及数值格式两种方式呈现，本节针对图像格式叙述了一种基于 CNN 的光伏功率预测方法，将云图以图像形式直接输入至 CNN，通过卷积池化等操作从云图中提取出云遮挡因子，并融合其他影响因素建立与光伏功率的映射关系。

1. 特征云区域的定位与目标云团的选择

卫星可见光云图的亮暗程度取决于云团的反照率，较厚的云团具有较高的反照率，相应的云区在卫星可见光云图中呈现较亮的色调。与之相比，卫星可见光云图中的薄云区域则呈现出一种较暗的色调。卫星可见光云图的亮度和暗度可以通过像素值量化，亮度越高像素值越大，因此可以通过像素值量化云团的厚度。由于目前公众可获取的卫星云图的空间分辨率约为几千米，一个光伏场站在卫星云图中通常可以用一个像素点表示。因此在卫星云图中，光伏场站所在位置处的像素值大小可以反映场站垂直方向上空云团的厚度，现有的研究也大多利用这个像素值的大小来直接反映云团对于太阳光线的遮挡效应。然而由于太阳运动的原因，太阳高度角和太阳方位角会随着季节以及日内时间变化而不断发生变化。

一年之中任意两个时刻所对应的太阳高度角以及太阳方位角都不尽相同，同时我国大部分地区处于中纬度，因此对于我国的大部分地区尤其是北方地区来说太阳光线几乎很少有机会能够垂直射向地面，如图4.6所示为云团遮挡太阳光线的示意图。假设某一光伏电站位于北半球的中纬度，那么一年四季中几乎所有时间的太阳光线均来自偏南方向。见图4.6，对于光伏电站 O 来说，早上的太阳光线会来自东南方向，假设此方向路径上有一云团 B，那么云团 B 则会遮挡此时到达 O

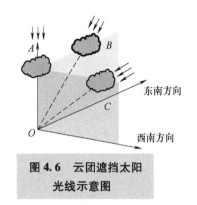

图4.6 云团遮挡太阳光线示意图

处的太阳光线，因此此时需关注云团 B 的遮挡影响。下午时段太阳光线来自西南方向，假设此路径上恰好有一云团 C，那么云团 C 则会遮挡此时到达 O 处的太阳光线，因此此时需关注云团 C 的遮挡影响。

由于太阳与光伏场站之间的相对位置随时间不断变化，阻碍到达目标光伏电站太阳光的云团区域也是不断变化的，如若直接利用云团 A（见图4-6），即光伏场站垂直上方的云团来反映云团对于太阳光线的遮挡影响显然不符合实际情况。因此，准确识别阻挡太阳光线到达光伏电站的云团区域对提高光伏功率预测精度具有重要意义。

为此，本节应用基于太阳运动规律的特征云区域定位算法以实时定位到相关的云特征区域，即卫星云图中遮挡入射至光伏电站的太阳光线的云区域。算法关键是在卫星云图中定位到太阳光线和云团的相交点，如图4.7所示。在卫星云图 $I(x,y)$ 中，假设光伏场站 $O(x_o,y_o)$ 位于图像正中心，太阳光线和云团的交点为 S'，$S(x_S,y_S)$ 表示交点 S' 垂直投影在卫星云图 $I(x,y)$ 中的位置。在图4.7中，α_S 代表太阳天顶角，γ_S 代表太阳方位角，H 表示云团的高度，L 表示 S 点与 O 点之间的距离。对于任一位置的光伏电站，均可依据物理定律推算出任一时刻其所处太阳天顶角和太阳方位角的具体数值，进而可以确定光伏电站与太阳光线之间存在的角度。最终，与太阳光线传播轨迹相交的云团被认为对光线产生遮挡效应，该云团称之为特征云区域。

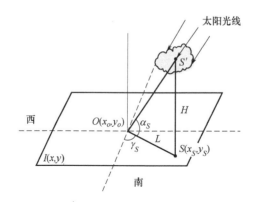

图 4.7 太阳光线和云团的交点位置示意图

特征云区域的定位算法具体步骤如下：

首先计算太阳高度角：

$$\alpha_S = \arccos(\sin\varphi\sin\delta + \cos\varphi\cos\delta\cos\omega) \tag{4.5}$$

式中，φ 为纬度；ω 为时角；δ 为太阳赤纬角。其中，时角和太阳赤纬角可以分别通过以下两式计算获得：

$$\omega = (t-12) \times 15° \tag{4.6}$$

$$\delta = 23.45°\sin\left(2\pi \times \frac{284+d}{365}\right) \tag{4.7}$$

式中，t 为某一时刻；d 为一年中某日的序号，如 1 月 1 日序号为 1。

依据上述所求物理量，太阳方位角可以通过下式计算得到：

$$\gamma_S = \arccos\left[(\sin\alpha_S \times \sin\varphi - \sin\delta)/(\cos\alpha_S \times \cos\varphi)\right] \tag{4.8}$$

根据直角三角形定理，L 可以通过 H 获得：

$$L = H/\tan\alpha_S \tag{4.9}$$

最终，通过 L 和 γ_S 可以求得 S 点的位置坐标，从而在卫星云图中推算出太阳光线和云团的交点位置坐标，S 点位置坐标的具体计算过程如下：

$$x_S = x_0 + L \times \sin\gamma_S \tag{4.10}$$

$$y_S = y_0 + L \times \cos\gamma_S \tag{4.11}$$

式中，x_S 和 y_S 分别为卫星云图中 S 点与 O 点之间东西向、南北向距离。通过上述的操作，实现了交点位置从三维空间到二维卫星云图中的映射，即可在卫星云图中定位到太阳光线与云团交点的具体位置。

在上述内容基础上进行卫星云图中特征区域目标云团的选择，值得注意的是，在实际中云的高度并非一成不变的，可能随时间在一定范围内发生变化。然而，为了计算简便，在式（4.5）~式（4.11）中将云团高度 H 设为常数。为了考虑由 H

的理想化假设带来的 S 点估计偏差，本节选择以 S 点为中心选定一个矩形区域，图 4.8 所示的区域 R 来反映云团的遮挡影响，该特征云区域的大小设置为 30×30 像素。

与所提预测模型相对应，本节特征云区域采用图像格式，将范围内的卫星云图直接保留，以图像的形式直接输入后续模型。图像格式保留了大量的云团细节信息，更能真实反映特征云区域对于太阳光线的遮挡情况。

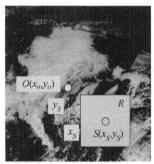

图 4.8　卫星云图中特征云区域示意图

2. 基于卷积神经网络的超短期光伏功率预测方法

本节利用卷积神经网络（CNN）提取卫星云图中的云遮挡信息并进行光伏功率预测，CNN 的相关原理、结构及工作过程在第 3 章 3.4 节已详细叙述，此处不再赘述。在训练阶段，首先通过特征云区域的动态选择算法获取历史时刻的云图图像，其次将云图图像输入至 CNN，经过卷积、归一化、池化等操作提取云遮挡影响因子，并与其他影响因素结合起来，通过全连接层建立与光伏功率之间的映射关系。在预测部分，只需将待预测时刻的特征云区域图像以及对应时刻的其他影响因素输入至训练好的 CNN 模型，即可获得光伏功率预测结果。

具体地讲，所使用的 CNN 内部结构如图 4.9 所示。待预测时刻的卫星云图首先输入至卷积神经网络的卷积-池化层，每个卷积-池化层由卷积层、归一化层和池化层依次排列组成。第一个卷积层设置 16 个卷积核，第二个卷积层设置 32 个卷积核，每个卷积核大小设为 3×3，步长为 1。在池化层中，本节使用基于秩排列的池化方式，核大小为 2×2，步长设为 2。基于秩排列的池化可以保留特征图像中更多的信息，并提供一定程度的输入平移不变性。经过两层卷积-池化层后，添加两个全连接层，每层 1024 个神经元，便可以从全连接层获得量化云遮挡信息的多个变量，这里设为 8 个云遮挡因子。除此之外，经过相关性检验，本节选取了其他 8 个影响变量与云遮挡因子融合建模，分别是待预测时刻的温度、湿度、辐照度、太阳高度角正弦值和 $T-1$、$T-2$、$T-3$、$T-4$ 时刻的历史功率。将 16 变量融合后输入到由 256 个神经元组成的全连接层中，经过一系列加权运算后获得光伏功率预测结果。

4.2.4　算例分析

1. 卫星云图预测对比

SSIM 指标常被用于衡量两张图像之间的相似程度，其分别从图像亮度、对比度以及结构三个方面评判两张图像之间的相似性，最终通过比较这三个方面的特征，综合得出最终的相似程度。SSIM 的取值范围为 [0, 1]，图像之间的相似度越

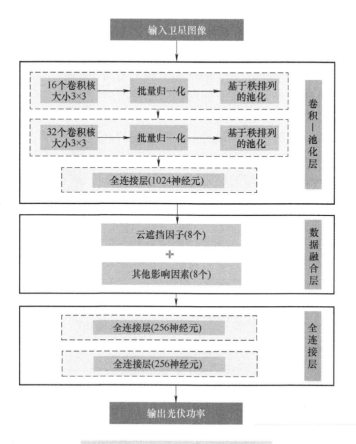

图 4.9 所使用的 CNN 内部结构

高，其值越大。给定两张图像 I_1 和 I_2，SSIM 可以通过下式计算得到：

$$\text{SSIM}(I_1, I_2) = \left[l(I_1, I_2)\right]^{\alpha}\left[c(I_1, I_2)\right]^{\beta}\left[s(I_1, I_2)\right]^{\gamma} \tag{4.12}$$

式中，$l(I_1, I_2)$ 为图像亮度之间的比较；$c(I_1, I_2)$ 为图像对比度之间的比较；$s(I_1, I_2)$ 则为图像结构之间的比较；α、β 以及 γ 分别为各个特征在 SSIM 指标中的占比，在实际工程应用中，通常情况下这三个参数都设为 1。

图像之间亮度、对比度以及结构的比较可以分别由以下三式表示：

$$l(I_1, I_2) = \frac{2\mu_{I_1}\mu_{I_2} + C_1}{\mu_{I_1}^2 + \mu_{I_2}^2 + C_1} \tag{4.13}$$

$$c(I_1, I_2) = \frac{2\sigma_{I_1}\sigma_{I_2} + C_2}{\sigma_{I_1}^2 + \sigma_{I_2}^2 + C_2} \tag{4.14}$$

$$s(I_1, I_2) = \frac{\sigma_{I_1 I_2} + C_3}{\sigma_{I_1}\sigma_{I_2} + C_3} \tag{4.15}$$

式中，μ_{I_1} 与 μ_{I_2} 分别是图像 I_1 和 I_2 所有像素值的平均数；σ_{I_1} 与 σ_{I_2} 分别是图像 I_1 和 I_2 所有像素值的方差；$\sigma_{I_1 I_2}$ 是图像 I_1 和 I_2 像素矩阵的协方差。为了避免分母为零带来的计算问题，通常将 C_1、C_2 以及 C_3 按下式设为常数：

$$C_1 = (k_1 \cdot L_{xs})^2 \tag{4.16}$$

$$C_2 = (k_2 \cdot L_{xs})^2 \tag{4.17}$$

$$C_3 = C_2/2 \tag{4.18}$$

式中，L_{xs} 是像素值取值范围阈值，由于采取的云图为灰度图像，像素值的取值为 255，一般情况下 $k_1 = 0.01$，$k_2 = 0.03$。

图 4.10 展示了不同方法的小时级云图预测对比结果，包括质心偏移法以及分别采用均方根误差（MSE）和结构相似度度量（SSIM）作为损失函数的卷积-长短时记忆网络模型。可以看出，当使用 MSE 作为损失函数时，预测图像看起来比较模糊；当使用 SSIM 作为损失函数时，无论是云团形状还是边缘清晰度都更加接近真实图像。从理论角度分析，MSE 直接根据两幅图像像素矩阵之间的差距来衡量预测精度，而 SSIM 则综合考虑图像的亮度、对比度和结构进行评价，考虑的因素更为充分，因此预测结果也更加接近真实情况。此外，采用质心法的云图线性预测由于直接在原始云图上截取获得，云团边缘更为清晰，但其并未考虑云团的非线性移动，因而当预测时间较长时，预测云图与真实云图之间差距逐渐变大，预测精度较低。与之对比，卷积-长短时记忆网络模型能够考虑云的厚度和形状变化，可以实现云团的非线性预测，因此对云图的预测更为精准，这也证实了 CNN-LSTM 模型在时空序列预测问题上的优良性能。

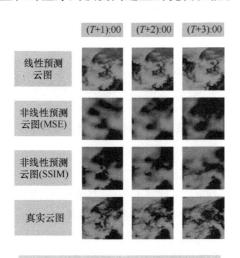

图4.10　小时级云图预测结果对比

表 4.2 列出了上述不同方法在 $T+1$、$T+2$、$T+3$ 时刻预测云图与真实云图之间

的 SSIM 结果。可以看出，对于 $T+1$ 时刻，即前瞻 1h 预测，线性方法与非线性方法的预测精度相差无几。随着预测时长增加，三种方法的预测精度均呈现出下降趋势，但线性方法的预测精度下降更为显著。对于 $T+3$ 时刻，线性方法预测云图与真实云图之间的 SSIM 仅为 0.361。与之对比，非线性方法在 $T+2$、$T+3$ 时刻预测云图与真实云图之间的 SSIM 均大于线性方法，说明了卷积-长短时记忆网络在小时级云图预测上具有更优的预测性能。

表 4.2　不同方法所获得的预测云图与真实云图之间 SSIM 结果

预测方法	待预测时刻		
	$T+1$	$T+2$	$T+3$
质心偏移法	0.683	0.493	0.361
卷积-长短时记忆网络（MSE）	0.619	0.548	0.439
卷积-长短时记忆网络（SSIM）	0.701	0.669	0.642

如图 4.11 所示为质心偏移法的小时内云图预测结果。由于只有整点时刻的云图数据，此处无法进行预测云图和真实云图的对比。为了证实该预测方法的可行性，计算时间间隔为 1h 的卫星云图之间的 SSIM 指标并统计其分布规律，如图 4.12 所示。可以看出间隔 1h 的卫星云图之间 SSIM 指标大多分布在 [0.7, 0.9] 之间，说明连续两个整点时刻云图间的相似程度非常高，相对来说，小时内的云团变化较为微小，云团的形状并不会发生较大改变，验证了分钟级云图预测方法的合理性与可实施性。

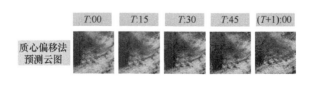

图 4.11　小时内云图预测结果对比

2. 超短期光伏功率预测对比

本节使用的数据集包括宁夏回族自治区某光伏电站 2018 年 1 月至 2018 年 12 月期间的运行数据及气象预报数据，时间分辨率为 15min。夜间光伏功率为 0，同时清晨与傍晚的光伏出力较小，因此只考虑白天 9:00—16:00 时间段内的数据。为了更加充分地验证模型预测性能，将每个月前三周的数据作为训练集，最后一周的数据作为测试集，采用 NMAE 和 NRMSE 进行预测结果精度评价。

图 4.13 展示了本节所提光伏功率预测方法和对比方法的预测误差对比。CNN（未定位）表示未使用特征区域定位算法获取特征云区域，其他条件与所提方法相

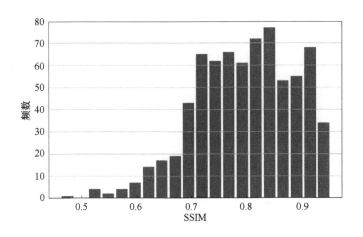

图4.12 时间间隔为1h的卫星云图之间的SSIM及分布规律

同。VGG是卷积神经网络的一种变体，其比一般的卷积神经网络更深更密。由图可知，VGG在测试中并没有表现出很好的预测性能，在NMAE和NRMSE两方面均高于其他两个模型，表明并不需要过深和过密集的网络结构来实现云特征的提取。另一方面，CNN（未定位）方法相比本节所提方法预测误差更大，验证了特征区域定位算法对提升预测精度的积极作用。

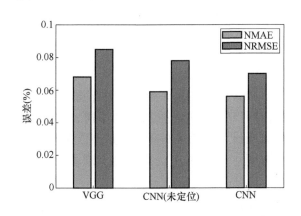

图4.13 所提光伏功率预测方法和对比方法的预测误差对比

为了进一步验证本节所提方法的预测性能，选取了SVM以及长短时记忆网络LSTM两种光伏预测领域常用且优异的方法作为对比模型。表4.3列出了本节方法与其他方法在预测时间尺度为1h下的预测误差。由表可知，本节方法相对于SVM和LSTM具有更小的预测误差，相较于SVM在NMAE方面提升了约20%~31%，在

NRMSE 方面提升了约 18.4%~37.1%；相较于 LSTM 在 NMAE 方面提升了约 12.5%~13.7%，在 NRMSE 方面提升了约 10.5%~22.8%。

表 4.3　不同方法在预测尺度为 1h 下的预测误差

场站	NMAE			NRMSE		
	CNN	SVM	LSTM	CNN	SVM	LSTM
A	0.030	0.036	0.034	0.038	0.045	0.044
B	0.029	0.038	0.033	0.035	0.048	0.043
C	0.032	0.039	0.036	0.039	0.050	0.046

为了测试本节方法在不同预测时间尺度下的预测性能，同样利用 A、B、C 三个场站的数据对上述三种方法做了预测时间尺度为 4h 的实验，其结果见表 4.4。分析可知，各方法随着预测时长的增加，误差均有所变大，但 CNN 方法仍能保持相对较小的预测误差，实现较为精准的光伏预测。

表 4.4　不同方法在预测时间尺度为 4h 下的预测误差

场站	NMAE			NRMSE		
	CNN	SVM	LSTM	CNN	SVM	LSTM
A	0.071	0.080	0.076	0.091	0.100	0.096
B	0.069	0.079	0.077	0.090	0.099	0.097
C	0.074	0.086	0.082	0.094	0.109	0.103

为了进一步探究本节所提方法在多云及晴天气象条件下的预测表现，如图 4.14 和图 4.15 分别所示为 A 场站在多云和晴天条件下某日前瞻 1h 的预测曲线。由图 4.15 可知，在晴天条件下光伏功率曲线较为平滑，而由图 4.14 可知在多云条件下光伏功率波动较为明显，无论是在晴天还是多云条件下，本节方法的预测曲线与真实曲线均较为接近，表明了所提方法可实现不同场景下光伏功率的准确预测。

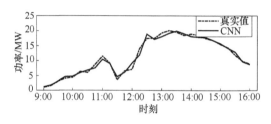

图 4.14　本节所提方法在多云条件下的预测曲线

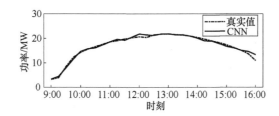

图 4.15　本节所提方法在晴天条件下的预测曲线

4.3 光伏功率短期预测

4.3.1 概述

随着预测尺度增长，云图等信息已无法准确提取，数值天气预报成为支撑短期光伏功率预测的主要信息。而影响光伏发电功率的主要气象因素，如短波辐射、温度等具有明显的日周期性，导致光伏发电功率同步存在日周期特性。在日尺度下，在相似气象条件下容易发现光伏发电功率曲线也具有明显的相似性，寻找待预测日期的历史气象相似日构建训练数据集，将有助于预测模型更准确地挖掘气象特征和光伏功率的非线性相依关系。

在上述基础上，本节提出了一种基于相似日检索和 Light-GBM 的光伏短期功率预测方法：首先，以日为时间尺度构建表征该日期气象条件的特征矩阵；其次，利用高斯相似度指标衡量待预测日与历史日的相似程度，构建待预测日的相似日数据集；最后，基于相似日数据集训练 Light-GBM 模型用于目标日期的光伏功率预测。算例分析表明所提方法相比直接利用 Light-GBM 训练预测模型效果更佳，证明了所提相似日检索算法在短期光伏功率预测中的有效性。

4.3.2 基于高斯相似度的相似日检索方法

由本章 4.1.1 节光伏功率的气象相依特性可知，短波辐射、温度、相对湿度是影响光伏发电功率的主要气象因素，其皮尔森互相关系数分别为 0.71、−0.66、0.60，因此最终选取短波辐射、温度、相对湿度作为表征待预测日和历史日气象条件的代表，并构建气象特征矩阵，公式如下所示：

$$\boldsymbol{M} = [\mathbf{SW}; \boldsymbol{T}; \mathbf{RH}] \tag{4.19}$$

式中，$\boldsymbol{M}$ 为气象特征矩阵；$\mathbf{SW} = [sw_1, \cdots, sw_n]$ 为短波辐射向量；$\boldsymbol{T} = [t_1, \cdots, t_n]$ 为温度向量；$\mathbf{RH} = [rh_1, \cdots, rh_n]$ 为相对湿度向量，其中 n 为向量长度，对应一天中所关注的时刻数。对于光伏功率预测，时间分辨率为 15min，因此 n 取 96。

欧氏距离指标是衡量两个向量距离的常用指标，对于两个长度为 N 的向量 $\boldsymbol{L}^1$ 和 $\boldsymbol{L}^2$，其欧氏距离计算公式如下所示：

$$\mathrm{Ed} = \|\boldsymbol{L}^1 - \boldsymbol{L}^2\|_2 = \sqrt{\sum_{n=1}^{N}(l_n^1 - l_n^2)^2} \tag{4.20}$$

式中，l_n^1 和 l_n^2 分别为 $\boldsymbol{L}^1$ 和 $\boldsymbol{L}^2$ 的向量元素。欧氏距离越大，两个向量相似性越小，为了方便，通常利用非线性高斯核函数进行转换，以直观衡量向量之间的相似性，转换过程公式如下所示：

$$\mathrm{Sg}(\boldsymbol{L}^1, \boldsymbol{L}^2 \mid \sigma_L) = \exp\left(-\frac{\|\boldsymbol{L}^1 - \boldsymbol{L}^2\|_2^2}{2\sigma_L^2}\right) \tag{4.21}$$

式中，Sg 为高斯相似度；σ_L 为高斯频宽参数，控制着核函数的作用范围。

设待预测日期的气象特征矩阵为 $\boldsymbol{M}^d = [\mathbf{SW}^d; \boldsymbol{T}^d; \mathbf{RH}^d]$，其与某一历史日期的气象特征矩阵 $\boldsymbol{M}^{d'} = [\mathbf{SW}^{d'}; \boldsymbol{T}^{d'}; \mathbf{RH}^{d'}]$ 的相似性可由下式计算得出：

$$S^{d'} = W_{\mathrm{SW}} \cdot \mathrm{Sg}_{\mathrm{SW}} + W_T \cdot \mathrm{Sg}_T + W_{\mathrm{RH}} \cdot \mathrm{Sg}_{\mathrm{RH}} \tag{4.22}$$

式中，以短波辐射为例，$\mathrm{Sg}_{\mathrm{SW}} = \mathrm{Sg}(\mathbf{SW}^d, \mathbf{SW}^{d'} \mid \sigma_{\mathrm{SW}})$ 表示待预测日与历史日期在短波辐射上的高斯相似度；W_{SW} 表示其在整体气象相似性中所占的权重，即最终的气象相似性为各气象因素高斯相似度的加权平均。值得注意的是，为了保证数据的可对比性，在利用式（4.21）计算单一气象因素的高斯相似度时，需对该气象变量提前进行归一化处理。

式（4.22）中单一气象因素的权重可根据该气象因素与功率的相关性程度设置，皮尔森相关系数重点关注两个变量的线性相关关系，适用于初步简单的相关性分析，此处为了尽可能地准确表征气象因素与功率的相关程度，采用能反映非线性相关程度的互信息进行相关性评估。

互信息是信息论中用于评价两个随机变量之间依赖程度的一个度量指标。互信息的计算基于信息熵，信息熵是衡量一个系统稳定程度的概念，即一个系统中所有变量信息量的期望值，对于单一连续变量，信息熵计算公式如下所示：

$$H(X) = \int P(x) \log \frac{1}{P(x)} \mathrm{d}x = -\mathrm{E}\log P(x) \tag{4.23}$$

式中，$P(x)$ 为变量 X 的概率密度函数；E 为求期望操作；$-$ 为负号。

同样，信息熵可推广至多变量的范畴，以二元变量为例，定义联合熵如下式所示：

$$H(X, Y) = \iint P(x, y) \log \frac{1}{P(x, y)} \mathrm{d}x \mathrm{d}y = -\mathrm{E}\log P(x, y) \tag{4.24}$$

式中，$P(x, y)$ 为变量 X 和 Y 的联合概率密度函数。

更进一步地，将条件熵定义为一个随机变量给定情况下系统的信息熵，其计算公式如下所示：

$$H(Y|X) = \iint P(x,y) \log \frac{1}{P(y|x)} \mathrm{d}x\mathrm{d}y = -\mathrm{E}\log P(y|x) \tag{4.25}$$

式中，$P(y|x)$ 为变量 Y 相对于变量 X 的条件概率密度函数。

最终互信息 $I(X,Y)$ 定义为随机变量 X 和随机变量 Y 的信息熵中交叉部分，其计算公式如下所示：

$$I(X,Y) = H(X) - H(X|Y) = H(Y) - H(Y|X)$$
$$= H(X) + H(Y) - H(X,Y) \tag{4.26}$$

分别计算短波辐射、温度、相对湿度与光伏发电功率的互信息 I_{SW}、I_{T} 以及 I_{RH}，则式（4.22）中的单一气象因素权重系数可由下式计算得到：

$$W_* = \frac{I_*}{I_{\mathrm{SW}} + I_{\mathrm{T}} + I_{\mathrm{RH}}} \tag{4.27}$$

式中，I_* 为所关注的气象因素与光伏发电功率的互信息，W_* 为该气象因素对应式（4.22）的权重系数。

4.3.3 基于相似日检索与 Light-GBM 的光伏功率预测模型

Light-GBM 是一种改进的梯度提升决策树模型（Gradient Boosting Decision Tree，GBDT），相比 GBDT，主要改进如下：①通过基于直方图优化方法实现特征切分和训练加速；②通过改进直方图优化方法的特征选择方式，有效压缩搜索空间；③通过改进直方图优化的节点分裂策略，实现探索和利用的平衡。

（1）基于直方图优化的特征切分和训练加速

GBDT 通过节点梯度确定节点增益，进而确定是否进行节点二叉分裂。节点增益 Q_j 的计算公式如下所示：

$$Q_j = \frac{G_{j,L}^2}{n_{j,L}} + \frac{G_{j,R}^2}{n_{j,R}} - \frac{G_{j,P}^2}{n_{j,P}} \tag{4.28}$$

式中，等号右侧的三项分别是节点 j 进行二叉分裂后的左节点增益、右节点增益和不分裂增益。当 Q_j 大于阈值 Q^* 时，进行二叉分裂，否则停止节点分裂。

直方图优化算法在训练前将特征值离散化形成 B 个 bin，并将所有的样本划分到各个 bin 中，最后用直方图表示，如图 4.16 所示。

利用直方图优化算法，对 GBDT 的节点二叉分裂方式进行改进，具体步骤如下：

1）对于第 k 个决策树，设每个分表为特征，共有 N 个特征，阈值为 Q^*，取第 $k-1$ 个决策树增益最大特征的划分值，设节点编号 $j=1$。

2）遍历所有样本，将样本划分到预设的 B 个 bin 中，并统计每个 bin 的梯度和样本数量。

3）对于第 $k-1$ 个决策树的叶子节点 j，遍历得到所有的 bin，并计算左节点梯度和 $G_{j,L}$ 以及父节点总梯度和 $G_{j,P}$，作差得右节点梯度和 $G_{j,R}$。

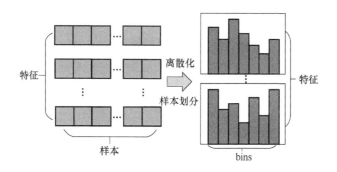

图 4.16　直方图优化算法

4）根据式（4.28）计算节点增益 Q_j，当 Q_j 大于阈值 Q^* 时进行二叉分裂，否则停止该节点分裂，节点编号更新为 $j=j+1$。

5）重复步骤 3）、步骤 4）直至所有叶子节点停止分裂，生成第 k 个决策树。

以上改进具有下述提升意义：

1）仅需在训练前遍历 1 次样本，避免训练过程中多次遍历样本、特征排序和节点增益计算，计算开销从 $O(N×R)$ 降低为 $O(N×B)$。

2）右节点增益的计算开销仅为 $O(N×R)$，相比不作差的计算方式，训练速度提升 1 倍。

3）直方图优化算法虽然降低了节点分割的准确度，但是提高了单颗决策树的正则化能力，在梯度提升的方式下，该算法能实现精度和速度的平衡。

（2）直方图优化的特征降维改进

直接将高维特征进行划分得到的数据往往具有高度稀疏性，导致高频次的节点划分过程容易形成复杂的决策树结构。同时，基础的直方图优化算法中可能存在大量的 0 值特征计算，导致大量的无效节点分裂。考虑到特征之间存在完全互斥性或近似互斥性（互斥是指特征值不同时非 0），将这些特征进行捆绑，不会造成信息丢失，并能大幅降低特征空间维度。设捆绑后的特征空间维度为 N_d，则计算开销从 $O(N×B)$ 降低为 $O(N_d×B)$。直方图优化算法的特征降维改进算法步骤如下所示：

1）给定最大冲突阈值，初始化特征捆绑簇。

2）建立一个无向图，特征作为点，权重作为边，将不互斥的特征进行连接，特征同时不为 0 的样本个数作为权重。

3）计算每个点的度数，度数为归属于该特征的样本数量。

4）根据度数对特征进行降序排序，度数越大，冲突越大，则越难与其他特征捆绑。

5）根据排序依次选择特征，遍历当前特征捆绑簇，如果特征加入特征簇后的冲突数小于最大冲突阈值，则完成捆绑，否则该特征形成一个新的特征簇。

6）重复步骤3）至步骤5），直至总体冲突最小，生成降维后的最优特征。

（3）直方图优化的算法节点分裂改进

传统的 GBDT 方法多采用按层生长策略，通过对同一层的叶子节点进行分裂，实现多线程并行处理。但是这种节点分裂方式的计算开销大，还会生成宽而深的决策树，导致过拟合。对此，本节增加最大深度限制来提高模型泛化能力，如图 4.17 所示。同时，引入贪婪搜索策略，仅对每一层中增益最大的叶子进行分裂，以限制树体宽度。

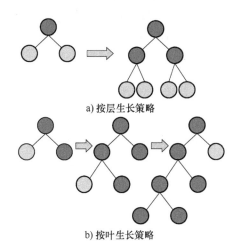

a) 按层生长策略

b) 按叶生长策略

图 4.17　直方图节点分裂策略

最终本节所提光伏功率短期预测流程如下：

1）以光伏场站为研究对象，准备光伏功率量测数据以及数值天气预报数据构成样本集，采用拉格朗日插值算法对样本集中的异常数据和缺失数据进行补全。

2）选取短波辐射、温度、相对湿度构建气象特征矩阵，利用该气象特征矩阵，基于高斯相似度指标分别计算待预测日期第 d 天与往年同日期前后共 M 天的相似性，选取其中相似性较高的 N 天构建预测第 d 天的训练样本子集 A_d。

3）基于训练样本子集，优化 Light-GBM 模型参数，输入待预测日期逐时刻气象特征，得到对应时刻的功率预测结果。

4.3.4　算例分析

本节采用某光伏场站验证所提方法的有效性，该光伏场站装机容量为80MW，数据集时间跨度为 2016 年至 2018 年，其中 2016 年和 2017 年数据用于训练模型，2018 年数据用于测试模型预测精度。采用均方根误差（Root Mean Square Error，

RMSE）和平均绝对误差（Mean Absolute Error，MAE）评价模型预测效果。

在相似日检索过程中，考虑到气象季节特性，分别取待预测日历史年的同期前后各 30 天进行相似性比较，本节所使用的训练集共两年，因此相似性检索库的容量（日期）M 为 120 天。其中用于训练预测模型的样本子集 A_d 的容量 N 的设置对模型精度有一定程度的影响：当容量 N 取值过小时，会使样本数量过少模型训练不充分；当容量 N 取值过大时，将存在过多与待预测日期气象相关性较弱的干扰样本，同样不利于预测模型准确挖掘气象与功率的映射关系。采用模型预测试的方式对预测精度相对于容量 N 的敏感性进行分析，最终将 N 设为 30 天，即训练样本子集 A_d 中共有 30×96 个样本。由于所提方法需要进行在线模型训练，因此对预测模型的训练速度有较高的要求，本节选择的 Light-GBM 采用多种措施提升训练效率，能有力保证预测的时效性，具体内容已在 4.3.3 中详述，此处不再赘述。同时，由于训练样本子集 A_d 的样本数量只有 30×96 个，样本数量并不算多，而深度学习等算法需要足量的训练样本，不适用于本节所提方法，而 Light-GBM 属于决策树模型，对样本数量要求较为宽泛，所以适合应用于本模型中。

分别以典型的晴天、多云和阴天天气条件下的待预测日为例，待预测日与采用本节所提相似日检索方法获取的相似性排名前二的相似日功率曲线对比图如图 4.18

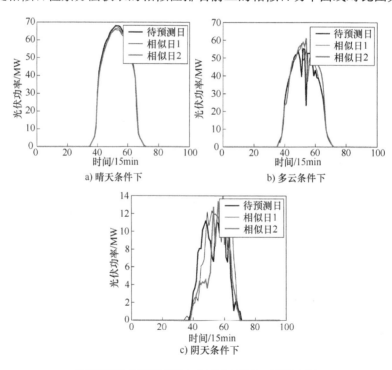

a) 晴天条件下

b) 多云条件下

c) 阴天条件下

图 4.18　待预测日与相似日功率曲线对比图

所示。由图可知，不同天气条件下，相似日和待预测日功率曲线均较为贴近，其中晴天效果最优，多云和阴天天气次之。总体上可以看出所选相似日所处的气象条件相近，功率波动规律相同，将其作为待预测日预测模型的训练集，有利于预测模型充分捕捉所处气象条件下功率的映射规律，进而提升预测准确度。

　　为了充分验证本节所提方法对提升预测精度的有效性，分别采用本节所提方法和单独采用 Light-GBM 进行日前光伏功率预测，并对两种方法进行预测结果对比。为了控制变量，其中两种方法中的 Light-GBM 参数设置见表 4.5，最终所提方法与对比方法在不同季节以及整体平均的 RMSE 和 MAE 如图 4.19 所示。

表 4.5　Light-GBM 参数设置

参数	取值
弱学习器数量	20
最大叶子数	10
树的最大深度	3
权重缩减系数	0.1
bin 的最大数量	60
增益计算方式	'gain'

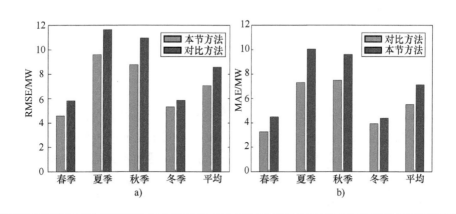

图 4.19　本节所提方法与对比方法在不同季节中以及整体预测的 RMSE 和 MAE 对比

　　此处春季指每年 3 月至 5 月，夏季指 6 月至 8 月，秋季指 9 月至 11 月，冬季指 1 月、2 月和 12 月。由图可知，夏季由于天气多变，RMSE 和 MAE 指标均高于其他季节，春、冬季在四季中预测精度最好。同时，对四季的 RMSE 和 MAE 预测，本节所提方法均低于对比方法，在整个测试集上，平均 RMSE 和 MAE 相比对比方法分别降低了 17.62% 和 22.97%，证实了本节所提方法的有效性。

由于晴天条件下模型普遍预测精度较好，为了直观凸显本节所提方法的优越性，以连续三天多云和阴天天气为例，展示了本节所提方法和对比方法的预测功率曲线和真实功率曲线对比图，如图 4.20 所示。由图可知，本节所提方法通过引入相似日检索构建模型训练集，预测精度效果提升明显，预测功率曲线明显更为贴近真实功率曲线。

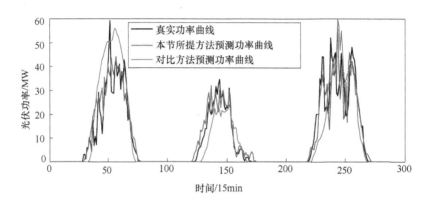

图 4.20　本节所提方法与对比方法的预测曲线与真实曲线对比（见彩插）

4.4　分布式光伏功率预测

4.4.1　概述

近年来，我国分布式光伏装机容量增长迅速，由于针对分布式光伏的量测设备成本较高、安装复杂，目前仍未实现 10kV 及以下低压配电网中分布式光伏的完全可观可测，导致分布式光伏发电功率数据缺失严重。然而基于统计方法的新能源功率预测建模需要大量历史运行数据的支撑，因此亟需研究针对分布式光伏站点的功率数据插值技术，构建完备的、高质量的历史数据集，有力支撑分布式光伏功率预测建模。

由于天气系统的连续性，一定区域内的分布式光伏出力具有较高的时空相似性。在此基础上，本节通过小波包分解，将光伏功率序列分解为平稳序列和波动序列，对于平稳序列直接采用三角距离反比插值进行估算，对于波动序列则首先通过动态时间规整消除波动时间不一致的问题，然后采用三角距离反比插值得到目标站点的波动功率序列，并利用三次样条时序插值使该波动功率序列满足电力调度的时间要求，最终将插值得到的平稳序列和波动序列进行重构，得到完整的目标站点功率序列，为分布式光伏功率预测提供数据支撑。

4.4.2　基于小波包算法的分布式光伏功率序列分解

1. 分布式光伏站点类别划分

根据信息完备程度可将分布式光伏站点划分为：信息全完备站点、半完备站点及不完备站点。分布式光伏基准站点通常配置实时同步气象量测装置以及功率量测装置，因此可以实现气象和功率的完全可观可测，称其为"信息全完备站点"。由于实时量测气象仪成本高昂，且距离较近的站点气象差异较小，因此除了基准站点，其他分布式光伏站点通常不再安装气象量测装置。此外对于部分装机容量较大的分布式光伏站点，如工厂片区屋顶分布式光伏站点，为实时监控其功率波动，避免对地区电网稳定运行造成不利影响，也需要安装实时同步的功率量测装置，此类站点称为"信息半完备站点"。对于其余大部分用户自行安装的家用屋顶分布式光伏站点，由于其装机容量较小，地区分布离散，未配备成本较高的实时同步功率量测装置，仅可量测一天总发电量，此类站点称为"信息不完备站点"。具体分类情况见表4.6。

表4.6　分布式光伏站点量测数据情况

数据类型	含义	信息全完备站点	信息半完备站点	信息不完备站点
装机容量	额定功率的总和	√	√	√
地理位置	经纬度	√	√	√
日功率曲线	实测功率序列，时间间隔15min	√	√	×
日累积电量	每日发电总量	√	√	√
实测气象	实测辐照、温度等	√	×	×
数值天气预报	精确的网格化数值天气预报	√	√	√

2. 小波包分解算法原理

在对分布式光伏功率插值估算时，必须考虑如何提取各交流分量出现的时间及其随时间变化的规律。相较于傅里叶分解，小波包分解可通过时序衰减的有限长小波基同时提取输入信号中的时域信息和频域信息。具体来讲，小波分解的基函数 $\psi_{a,\tau}(x)$ 同时包含频域的尺度变量 a 和时域的平移变量 τ，如下式所示：

$$\psi_{a,\tau}(x)=\frac{1}{\sqrt{a}}\psi\left(\frac{x-\tau}{a}\right)\qquad a>0,\tau\in R \qquad (4.29)$$

进一步定义，连续小波变换系数 $WT_f(a,\tau)$ 用于表示原始序列 $f(x)$ 经过信号变换后的输出如下式所示：

$$WT_f(a,\tau) = \frac{1}{\sqrt{a}} \int_{-\infty}^{\infty} f(x)\psi\left(\frac{t-\tau}{a}\right) \mathrm{d}t = \int_{-\infty}^{\infty} f(x)\psi_{a,\tau}(x)\mathrm{d}x \tag{4.30}$$

在实际应用中，由于小波变换具有尺度伸缩共同变化的特点，导致其提取的不同小波包变化系数具有明显的相似性。因此往往对小波变换的尺度变量和平移变量离散化，以减少连续小波变换的冗余信息，该过程如下式所示：

$$\begin{cases} a = a_0^{-j} \\ \tau = ka_0^{-j}\tau_0 \end{cases} \tag{4.31}$$

式中，j 是离散化的尺度坐标；k 是离散化的位置坐标，在实际应用中，一般采用二进制离散。取 a_0 为 2，τ_0 为 1，此时小波变换基函数 $\psi_{a,\tau}(x)$ 可以表示为：

$$\psi_{j,k}(x) = 2^{j/2}\psi(2^j x - k) \tag{4.32}$$

二进制离散小波变换系数可表示为尺度坐标 j 和位置坐标 k 的函数，如下式所示：

$$d_{j,k} = WT_f(j,k) = \int_{-\infty}^{\infty} f(x)\psi_{j,k}^*(x)\mathrm{d}x \tag{4.33}$$

然而小波分解只能在一个频率进行不断分解，对其他频率的划分不够细致。因此在小波分解的基础上，提出了小波包分解，充分挖掘不同频段的时域与频域特征，两者区别如图 4.21 所示。

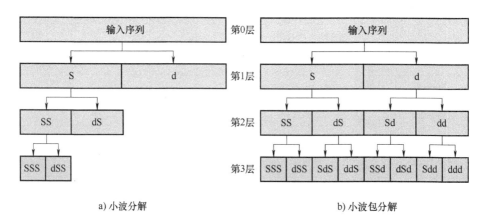

a) 小波分解　　　　　　　　　　　　　b) 小波包分解

图 4.21　小波分解和小波包分解对比示意图

在实际的变换过程中，单个小波函数仅对低频信号有较高的解析度，对高频信号的解析效果不佳。因此进一步引入由相互正交小波包构成的多个函数簇，以提高小波包对高频信号的解析度和泛化能力。用 $\varphi(x)$ 代表尺度函数，$\psi(x)$ 代表小波函数，定义在 $L^2(R)$ 上关于尺度函数 $\varphi(x)$ 的正交函数集合 $\{\psi_j(x)\}$ 成为小波包基，如下式所示：

$$\begin{cases} \varphi_0(x) = \varphi(x) \\ \psi_1(x) = \psi(x) \end{cases} \tag{4.34}$$

$$\begin{cases} \varphi_{j+1}(x) = \displaystyle\sum_{k=-\infty}^{+\infty} h_k \sqrt{2} \varphi_j(2x - k) \\ \psi_{j+1}(x) = \displaystyle\sum_{k=-\infty}^{+\infty} g_k \sqrt{2} \varphi_j(2x - k) \end{cases} \tag{4.35}$$

式中，h_k 和 g_k 分别是尺度系数与小波系数，可通过下式求取函数内积获得：

$$\begin{cases} h_k = \langle \varphi(x), \varphi(2x-k) \rangle \\ g_k = \langle \psi(x), \varphi(2x-k) \rangle \end{cases} \tag{4.36}$$

图 4.22 展示了某分布式光伏基站一天的光伏功率曲线及其小波包分解结果。由图 4.22a 可知，在 8 时至 14 时，可能受云遮挡等因素影响，光伏功率曲线出现了明显的变化。图 4.22b 中的小波包分解结果显示低频段分解序列波动较为平稳，高频段分解序列的局部波动特征明显增强，且波动时段集中分布在 8 时至 14 时，说明小波包分解序列重构可以充分提取光伏功率序列的时域与频域信息。

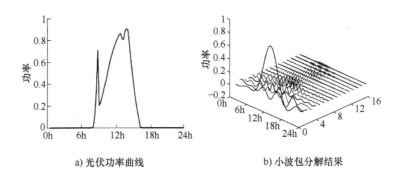

a) 光伏功率曲线　　　　　　　b) 小波包分解结果

图 4.22　某分布式光伏基站一天的光伏功率曲线及小波包分解结果

4.4.3　分布式光伏平稳序列插值与波动序列插值过程

1. 基于三角反距离权重的平稳序列插值

经过小波包分解将原始分布式光伏功率序列 $f(t)$ 分解为低频的平稳序列 $f^s(t)$ 和高频的波动序列 $f^F(t)$。平稳序列可视为光伏功率的晴空模型，在分布式光伏功率插值中，各站点的平稳序列基本一致，因此可不考虑时间特征，这里采用三角插值模型。

选取距离分布式光伏目标站点 DG 直线距离最近的三个基准站点 DG_1、DG_2 和 DG_3，其平稳序列分别用 $P_{DG_1}^S(t)$、$P_{DG_2}^S(t)$ 和 $P_{DG_3}^S(t)$ 表示，待插值的分布式光伏站点平稳功率可表示为：

$$P_{DG}^S(t) = W_1 P_{DG_1}^S(t) + W_2 P_{DG_2}^S(t) + W_3 P_{DG_3}^S(t), \sum_{i=1}^{3} W_i = 1 \qquad W_i \in [0,1]$$

$$(4.37)$$

式中，W_i 是各基准站点的权重系数。

在插值过程中，希望基准站点距离越近权重系数越大，因此采用反距离权重进行插值，并利用二次幂进行指数平滑，W_i 如下式所示：

$$W_i = \frac{1/l_i^2}{\sum 1/l_i^2} \qquad i = 1,2,3 \qquad\qquad (4.38)$$

式中，l_i 是基准站点 DG_i 到目标站点的空间距离。

2. 考虑动态时间规整的波动序列插值

原始功率序列经过小波包分解后得到的波动序列本质上是由于云团空间运动造成的，因此临近站点的波动序列之间具有一定的时序关联关系，但在波动时间上具有明显的相位差异。本节通过动态时间规整得到消除相位延迟或超前影响的波动序列，然后依次进行空间插值和时间插值，得到目标站点的波动序列。

动态时间规整（Dynamic Time Warping, DTW）可以通过 Warping 扭曲技术将两个时间轴未对齐的时间序列进行时间规整。以时间序列 $X = \{x_n\}_{n=1}^{N}$ 和 $Y = \{y_m\}_{m=1}^{M}$ 为例，通过构建 $N \times M$ 维的矩阵网格，其中矩阵元素 (i,j) 表示当前位置 x_i 和 y_j 的欧氏距离 $d(x_i, y_j)$，则动态时间规整的目标为在矩阵网格上寻找一条 Warping 规整路径 $R = \{(i_k, j_k)\}_{k=1}^{K}$，以最优化如下所示的目标函数：

$$\min_{R} \quad J = \frac{\sum_{k=1}^{K} w_k d(x_{i_k}, x_{j_k})}{\sum_{k=1}^{K} w_k} \qquad\qquad (4.39)$$

式中，w_k 是加权系数，目的是为了避免局部跨度比较大的路径。

同时动态时间规整对规整路径制定了一系列约束：

1）端点约束：要求路径从时间序列 X 和 Y 的起点出发，最终到达终点，即 $(i_1, j_1) = (1,1)$，$(i_K, j_K) = (N, M)$。

2）连续性约束：要求 $i_{k+1} - i_k \leqslant 1$ 且 $j_{k+1} - j_k \leqslant 1$，即不允许跳过曲线中的任何一个点，保证规整路径 R 遍历时间序列 X 和 Y 的所有点。

3）单调性约束：要求 $i_{k+1} - i_k \geqslant 0$ 且 $j_{k+1} - j_k \geqslant 0$，即规整路径随着时间单调进行，不允许回溯以及停留在原来的点。

式（4.39）所示的动态时间规整问题可通过动态规划求解，定义函数 $D(i_k, j_k)$ 表示从起点（1,1）到当前位置 (i_k, j_k) 的累加距离，则 $D(i_k, j_k)$ 可由当前位置 x_{i_k} 和 y_{j_k} 的欧氏距离 $d(x_i, y_j)$，以及可到达该位置的临近前一位置的最小累加距离之和表示，即：

$$D(i_k,j_k) = \min \begin{cases} D(i_k-1,j_k)+d(x_{i_k},y_{j_k}) \\ D(i_k-1,j_k-1)+d(x_{i_k},y_{j_k}) \\ D(i_k,j_k-1)+d(x_{i_k},y_{j_k}) \end{cases} \tag{4.40}$$

设 $D(0,0)=0$，从起点 $(1,1)$ 按式（4.40）计算形成的到达终点 (N,M) 的路径即为最优规整路径 R。

以两个分布式光伏基准站点为例，经过小波包分解之后获得的波动功率序列分别为 $P^F_{DG_1}(t)$ 和 $P^F_{DG_2}(t)$，经过时间动态规整得到了最佳规整路径为 $R^*_{DG_{12}} = \{(t_{1,k},t_{2,k})\}^K_{k=1}$，其中 $t_{1,k}$ 对应 $P^F_{DG_1}(t)$ 的时刻，$t_{2,k}$ 对应 $P^F_{DG_2}(t)$ 的时刻。若以 $P^F_{DG_1}(t)$ 为基准序列，依次取 $t=1,2,\cdots,T$，在最佳规整路径中寻找 $t_{1,k}=t$ 的集合，该集合中 $t_{2,k}$ 的均值即为 $P^F_{DG_2}(t)$ 规整后对应的时刻，该集合中所有 $t_{2,k}$ 对应的功率 $P^F_{DG_2}(t_{2,k})$ 的均值即为 $P^F_{DG_2}(t)$ 规整后的功率。图 4.23 所示为两个不同波动序列的动态时间规整最优路径图，可以看出经过规整得到了波动细节近似且消除了时序差异的两条时间序列。

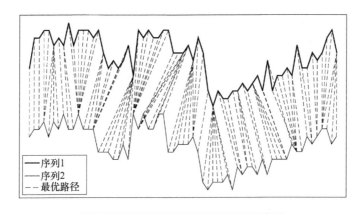

图 4.23 动态时间规整最优路径图

由于时间规整过的各基准站点波动功率序列并非完全在 1 个小时的 00 分钟、15 分钟、30 分钟、45 分钟时刻，因此在进行目标分布式站点的波动功率序列插值时，需分别针对时间和功率进行三角反距离权重插值，然后利用三次样条时序插值使待插值分布式光伏波动功率序列满足电力调度的时间要求。

最终本节所提插值方法流程步骤如下所示：

1）首先对待插值站点附近可量测基准站点的分布式光伏功率序列进行小波包分解，得到低频平稳序列和高频波动序列。

2）对于低频平稳序列，由于不存在时序相位差的问题，直接采用距离反比进行插值。

3) 对于高频波动序列，首先采用动态时间规整消除时序上的相位差异，然后分别针对时间序列和功率序列进行三角距离反比插值，得到目标站点的分布式光伏时间和功率序列，最终通过三次样条时序插值将该序列的时间插值调整至电网要求的 00 分钟、15 分钟、30 分钟、45 分钟时刻。

4) 将目标站点插值得到的平稳序列和波动序列进行重构，然后基于目标站点的装机容量进行功率折算，即可得到该分布式光伏站点的完整功率序列。

4.4.4　算例分析

以我国北方某地市为例，图 4.24 展示了 5 个信息完备站点和 12 个信息不完备站点的相对位置情况，所有场站的历史数据涵盖的时间范围为 2019-01-01—2021-06-30。由于信息不完备站点没有量测数据，因此在验证插值算法有效性与准确性时，选取信息完备站点 DG_0 作为验证站点，测试不同天气条件下的功率插值效果。

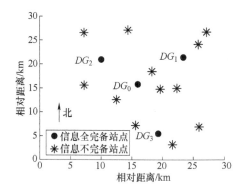

图 4.24　信息完整站点和信息不完整站点的相对位置

采用 3 层 8 分辨率的小波包进行分解，每个分辨率间隔为 25Hz，将分辨率为 0~25Hz 的序列视为低频平稳序列，将其余分辨率的时间序列进行求和，视为高频波动序列。如图 4.25 所示，平稳序列的波动较为平缓，且晴天和阴天条件下得到的平稳序列时间相位差均较小，可忽视时间不一致性，直接采用相关算法进行插值；波动序列反映了波动出现的时间及其幅值，可以看出不同站点间存在较大的时序差异性，因此需要在插值之前首先消除时序差异性，证实了动态时间规整的必要性。

对于平稳序列，直接采用三角距离反比算法进行插值，表 4.7 列出了所选取的 3 个分布式光伏基准站点与待插值站点的相对距离，以及采用距离反比插值算法得到的各基准站点的权重系数。

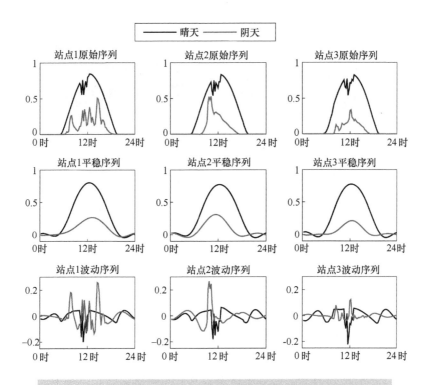

图4.25　分布式光伏3个基准站点原始序列和小波包分解后序列

表4.7　各站点相对距离和权重系数

相对位置	DG_1	DG_2	DG_3	DG_4
相对距离	9.28	7.87	10.86	0
插值系数	0.32	0.45	0.23	0

对于波动序列，首先通过动态时间规整消除各基准站点的时序差异性。以站点1作为规整标准序列，图4.26展示了站点1和站点2、站点1和站点3的动态时间规整路径。由图可知，3个站点在晴天的波动过程较为类似，仅仅是在时间上有一定的相位差，而通过动态时间规整可准确捕捉到该相位差，从而进行合理调节；而3个站点在阴天的波动过程相似性较小，站点1波动序列存在多个峰谷，站点2仅有一个较大的波峰，站点3的波动幅值也相对较小，采用动态时间规整后，有效地消除了延迟特性。

图4.27展示了晴天条件下和阴天条件下采用不同插值方法得到的目标站点功率曲线，其中距离反比插值和自然临点插值指的是直接利用光伏功率原始序列进行插值。由图可知，晴天条件下，各插值方法效果区别不大，且精度相当，本节所提

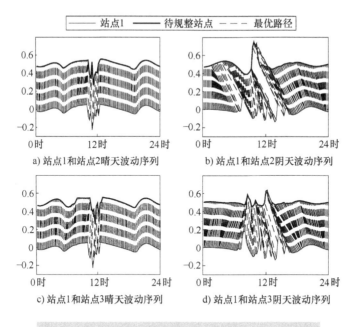

图 4.26　不同天气类型下各站点动态时间规整路径

方法略微优于两种对比方法；阴天条件下，光伏功率波动剧烈，本节所提方法插值结果明显优于两种对比方法，插值功率曲线和目标站点实测功率曲线更为贴合。同时可以看出在阴天天气下，两种对比方法均未有效捕捉光伏功率的峰值特性，得到的插值功率曲线较为平缓，而本节所提方法通过将参考站点功率序列进行时序分解并对其中波动序列进行动态时间规整，有效地消除了时间相位差异，进而准确捕捉到了目标站点功率曲线中的峰值。

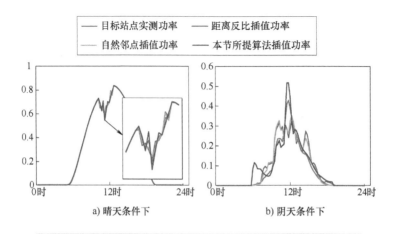

图 4.27　不同插值方法得到的目标站点功率曲线（见彩插）

　　表4.8列出了晴天和非晴天（多云、阴天、雨天）条件下插值功率和实测功率的 NMAE 和 NRMSE，以 NRMSE 为例，可以看出晴天条件下，三种方法差距不大，本节所提方法略逊于自然邻点插值方法；在非晴天条件下，本节所提方法相比距离反比插值方法和自然临点插值方法分别降低了 1% 和 0.51%，展示出了较强的优越性。

表4.8　不同插值方法的精度对比

误差指标	晴天		非晴天	
	NMAE	NRMSE	NMAE	NRMSE
距离反比插值方法	0.26%	0.72%	2.08%	4.04%
自然邻点插值方法	0.25%	0.60%	1.84%	3.55%
本节所提插值方法	0.23%	0.64%	1.63%	3.04%

4.5　本章小结

　　本章重点探讨了光伏功率单值预测模型，从光伏功率的气象相依特性和时序波动特性出发，为功率预测模型输入特征的构建提供依据。依赖于卫星云图带来的丰富云遮挡信息，本章提出了一种多时间尺度云图预测方法和考虑云遮挡因素的光伏功率预测模型，进一步提升了超短期光伏功率预测精度。随着预测尺度提升，短期尺度下相似天气类型的光伏波动规律具有高度相似性，因此本章提出了一种基于高斯相似日检索与 Light-GBM 的短期光伏功率预测方法，算例分析证实了相似日检索对提升预测精度的有效性。而针对分布式光伏功率量测缺失带来的预测难题，本章提出了一种基于小波包序列分解以及考虑动态时间规整的插值方法，算例分析表明该方法具有较高的插值精度，能够有效支撑分布式光伏的预测。

第5章

风光新能源发电
概率预测

5.1 稀疏贝叶斯学习

5.1.1 概述

2000 年，Michael E. Tipping 基于贝叶斯推理提出了稀疏贝叶斯学习（Sparse Bayesian Learning, SBL）模型。与支持向量机（Support Vector Machine, SVM）类似，SBL 也是一种基于核函数的机器学习方法，可用于回归与分类问题。SBL 与 SVM 用于回归时具有相同的函数形式，不同点在于，SBL 模型的学习过程是基于贝叶斯架构的，而不是采用结构风险最小化原则，这就使 SBL 模型拥有如下独特优势：①能够提供概率分布预测结果；②无需对 SVM 中平衡经验风险和泛化能力的惩罚因子进行设定；③模型稀疏程度与 SVM 相当或更好。

综合来说，SBL 具有良好的期望值预测与概率分布预测性能，鉴于此，本节将 SBL 进一步扩展应用于新能源功率预测误差概率建模中，以风电为例的实验表明，这种误差概率建模不仅能进一步提高功率期望值的预测精度，也能提高概率分布预测的合理性。

5.1.2 SBL 原理

SBL 预测模型可表示为

$$y_{\text{output}} = \sum_{i=1}^{M} w_i K(\boldsymbol{x}_{\text{input}}, \boldsymbol{x}_i) + w_0 + \varepsilon \tag{5.1}$$

式中，y_{output} 为待预测随机变量；$\boldsymbol{x}_{\text{input}}$ 为输入向量；$\boldsymbol{x}_i$ 为训练样本中的输入向量；$K(\cdot)$ 为核函数，本节采用高斯核函数形式；M 为训练样本总数；w_i 为权重系数，在 SBL 模型中被视为随机变量，并假设其先验分布为 $\mathcal{N}(0,\alpha_i^{-1})$；$\varepsilon$ 为误差项，服从正态分布 $\mathcal{N}(0,\sigma^2)$。

从而 y_{output} 服从均值为 $\sum_{i=1}^{M} w_i K(\boldsymbol{x}_{\text{input}},\boldsymbol{x}_i) + w_0$、方差为 σ^2 的正态分布。

容易看出，当式（5.1）所示 SBL 模型训练完成后，对于任意给定的输入向量，均可得到待预测随机变量的概率密度函数。SBL 模型的训练过程实质是根据贝叶斯原则对参数 $\boldsymbol{w}=[w_0,w_1,\cdots,w_M]^{\mathrm{T}}$、超参数 $\boldsymbol{\alpha}=[\alpha_0,\alpha_1,\cdots,\alpha_M]^{\mathrm{T}}$ 以及 σ^2 的后验分布进行推断的过程，即可表示为 $p(\boldsymbol{w},\boldsymbol{\alpha},\sigma^2|\boldsymbol{y})$，其中 $\boldsymbol{y}=[y_1,y_2,\cdots,y_M]^{\mathrm{T}}$。由 y_{output} 的分布可知，在 N 次独立实验中，目标值 $\boldsymbol{y}$ 出现的概率为：

$$p(\boldsymbol{y}|\boldsymbol{w},\sigma^2) = (2\pi\sigma^2)^{-N/2}\exp\left\{-\frac{1}{2\sigma^2}\|\boldsymbol{y}-\boldsymbol{\Phi}\boldsymbol{w}\|^2\right\} \tag{5.2}$$

式中，$\boldsymbol{\Phi}=[\boldsymbol{\phi}(\boldsymbol{x}_1),\boldsymbol{\phi}(\boldsymbol{x}_2),\cdots,\boldsymbol{\phi}(\boldsymbol{x}_n)]^{\mathrm{T}}$；$\boldsymbol{\phi}(\boldsymbol{x}_n)=[1,K(\boldsymbol{x}_n,\boldsymbol{x}_1),\cdots,K(\boldsymbol{x}_n,\boldsymbol{x}_M)]^{\mathrm{T}}$。

直接采用极大似然估计方法求取 w_i 和 σ^2 可能出现过学习的情况，因此基于贝叶斯原理，SBL 将 w_i 和 σ^2 均视为随机变量，首先设定 w_i 的先验分布是均值为 0、方差为 α_i^{-1} 的正态分布，且相互独立，然后设定超参数 α_i 与 σ^2 的先验分布为伽马分布，如下式所示：

$$p(\boldsymbol{\alpha}) = \prod_{i=0}^{N} \mathrm{Gamma}(\alpha_i|a,b) \tag{5.3}$$

$$p(\boldsymbol{\beta}) = \mathrm{Gamma}(\boldsymbol{\beta}|c,d) \tag{5.4}$$

式中，$\beta \equiv \sigma^{-2}$；$\mathrm{Gamma}(\alpha_i|a,b)=\Gamma(a)^{-1}b^a\alpha^{a-1}e^{-b\alpha}$，$\Gamma(a)=\int_0^\infty t^{a-1}e^{-t}\mathrm{d}t$。为了保证先验分布不具有信息性，令参数 $a=b=c=d=0$。

相关研究证明，通过选取上述先验分布，模型能够很好地适应训练数据，同时具有优异的稀疏性及泛化能力。结合训练样本集，在上述模型参数以及变量假设条件下，即可推断出预测模型参数 $\boldsymbol{w}$、$\boldsymbol{\alpha}$、σ^2 的后验分布公式：

$$p(\boldsymbol{w},\boldsymbol{\alpha},\sigma^2|\boldsymbol{y}) = \frac{p(\boldsymbol{y}|\boldsymbol{w},\boldsymbol{\alpha},\sigma^2)p(\boldsymbol{w},\boldsymbol{\alpha},\sigma^2)}{p(\boldsymbol{y})} \tag{5.5}$$

由于式（5.5）右侧 $p(\boldsymbol{y})=\int p(\boldsymbol{y}|\boldsymbol{w},\boldsymbol{\alpha},\sigma^2)p(\boldsymbol{w},\boldsymbol{\alpha},\sigma^2)\mathrm{d}\boldsymbol{w}\mathrm{d}\boldsymbol{\alpha}\mathrm{d}\sigma^2$ 无法正常积分，所以无法直接求解 $p(\boldsymbol{w},\boldsymbol{\alpha},\sigma^2|\boldsymbol{y})$，可将式（5.5）进行以下分解：

$$p(\boldsymbol{w},\boldsymbol{\alpha},\sigma^2|\boldsymbol{y}) = p(\boldsymbol{w}|\boldsymbol{y},\boldsymbol{\alpha},\sigma^2)p(\boldsymbol{\alpha},\sigma^2|\boldsymbol{y}) \tag{5.6}$$

进而得到：

$$p(\boldsymbol{w}|\boldsymbol{y},\boldsymbol{\alpha},\sigma^2) = \frac{p(\boldsymbol{w},\boldsymbol{\alpha},\sigma^2|\boldsymbol{y})}{p(\boldsymbol{\alpha},\sigma^2|\boldsymbol{y})} = \frac{p(\boldsymbol{y}|\boldsymbol{w},\sigma^2)p(\boldsymbol{w}|\boldsymbol{\alpha})}{p(\boldsymbol{y}|\boldsymbol{\alpha},\sigma^2)}$$

$$= (2\pi)^{-(N+1)/2}|\textstyle\sum|^{-1/2}\exp\left\{-\frac{1}{2}(\boldsymbol{w}-\boldsymbol{\mu})^{\mathrm{T}}\textstyle\sum^{-1}(\boldsymbol{w}-\boldsymbol{\mu})\right\} \tag{5.7}$$

利用贝叶斯推断得到 w 的后验分布为 $\mathcal{N}(\boldsymbol{\mu},\boldsymbol{\Sigma})$，均值与方差分别为 $\boldsymbol{\mu}=\sigma_{MP}^{-2}\boldsymbol{\Sigma}\boldsymbol{\Phi}^{\mathrm{T}}\boldsymbol{y}$ 和 $\boldsymbol{\Sigma}=(\sigma_{MP}^{-2}\boldsymbol{\Phi}^{\mathrm{T}}\boldsymbol{\Phi}+\boldsymbol{A})^{-1}$，其中 $\boldsymbol{A}=\mathrm{diag}(\alpha_0,\alpha_1,\cdots,\alpha_M)$。在得到 w 及 ε 的后验分布后，带入公式（5.1）即完成了 SBL 的训练过程。实际上，由于 y_{output} 仍然服从正态分布，可直接求出其均值与方差，如下所示：

$$\bar{y}_{\mathrm{output}}=\boldsymbol{\mu}^{\mathrm{T}}\boldsymbol{\phi}(\boldsymbol{x}_{\mathrm{input}})$$
$$\sigma_{\mathrm{output}}^{2}=\sigma_{MP}^{2}+\boldsymbol{\phi}(\boldsymbol{x}_{\mathrm{input}})^{\mathrm{T}}\boldsymbol{\Sigma}\boldsymbol{\phi}(\boldsymbol{x}_{\mathrm{input}}) \tag{5.8}$$

5.1.3 基于 SBL 的新能源功率概率预测——以风电为例

本节提出的功率概率预测基于确定性的功率单值预测结果，通过分析单值预测误差的分布特性构建基于 SBL 模型的概率预测模型，以风电为例，采用 SVM 作为单值预测模型，分析其误差分布规律。

1. 预测误差自相关性分析

本节采用皮尔森自相关函数（Auto-Correlation Function，ACF）来分析预测误差时间序列的自相关特性。基于 SVM 模型的单值风电功率预测误差可以表示为：

$$e_{t+k/t}=\bar{p}_{t+k/t}-p_{t+k/t} \tag{5.9}$$

式中，$\bar{p}_{t+k/t}$ 是 SVM 在 t 时段对 $t+k$ 时段预测得到的风电功率值；$p_{t+k/t}$ 是对应的风电功率实测记录值；$e_{t+k/t}$ 是预测误差。

如图 5.1 所示为一个预测误差序列的 ACF 值，它是滞后系数 a 的函数。图中 $a=1,2,\cdots,16$，两条水平虚线表示 ±95% 置信区间的上下界，ACF 值超出此范围说明此误差序列具有一定的自相关性。从图中可以看出，SVM 模型预测误差具有显著的自相关特性，滞后时长可达 14h，且前三个滞后时段的 ACF 值均大于 0.5，因此在建立预测模型时，可以考虑将历史回溯的三个预测误差值作为输入数据的一部分。

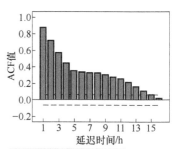

图 5.1 用 SVM 模型预测误差序列的 ACF 值

2. 预测误差与数值天气预报数据的互相关性分析

为了分析 NWP 数据对预测误差的影响，这里引入皮尔森互相关函数（Cross-Correlation Function，CCF）。图 5.2 所示为以 SVM 单值模型为例的风电功率预测误差序列与对应风速时间序列的 CCF 值，由图可知，SVM 风电预测误差序列与风速时间序列之间存在显著的互相关关系，因此在建立误差预测模型时也可把 NWP 数据作为输入数据

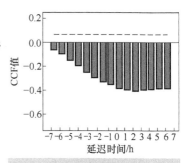

图 5.2 预测误差序列与对应风速时间序列的 CCF 值

的一部分。

3. 预测误差高斯特性分析

由于 SBL 对输出变量的分布做出高斯分布的假设，因此需要对预测误差的高斯特性进行分析，如图 5.3 所示。图 5.3a 给出了基于 SVM 模型的超前 1h 风电功率预测误差时间序列，图 5.3b 对应给出了由 100 个预测误差样本得到的统计分布概率密度函数（Probabilistic Distribution Function，PDF）以及高斯分布 PDF。由图 5.3b 可知，统计分布 PDF 与高斯分布 PDF 相差很大，其中统计分布 PDF 有一个尖峰，远高于高斯分布 PDF 的峰值。

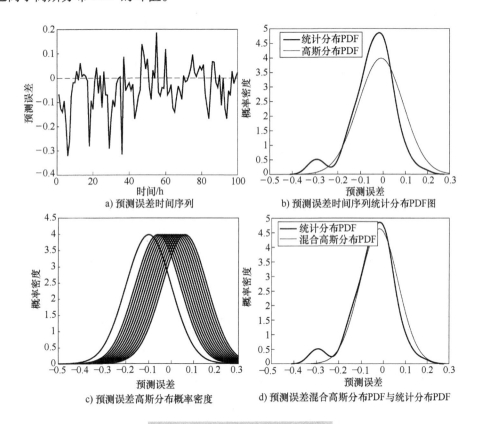

a) 预测误差时间序列　　b) 预测误差时间序列统计分布PDF图

c) 预测误差高斯分布概率密度　　d) 预测误差混合高斯分布PDF与统计分布PDF

图 5.3　预测误差高斯特性分析

根据图 5.3a 与图 5.3b 的分析，预测误差似乎并不服从高斯分布。然而，这种分布是由预测误差历史时间序列统计得到的，并不能表示每个预测时间段的预测误差都服从这种分布，因为误差之间不是相互独立的，由前文所述的误差自相关性分析可证实。事实上，由于误差序列是非平稳的，所以每个时段的预测误差分布与统计得到的误差分布规律是有差异的。图 5.3c 给出了由 SBL 预测得到的 100 个预测误差高斯分布概率密度，从图中可以看出，误差高斯分布参数是不断变化的，显示了预测误差的非平稳特性。那么这 100 个误差的高斯分布概率密度函数可以组成一个混合高斯分布概率密度函数，该过程如下式所示：

$$\tilde{f}(x) = \sum_{i=1}^{N} \frac{1}{N} f_i(x) \qquad (5.10)$$

式中，$\tilde{f}(x)$ 是混合高斯分布概率密度函数；N 是样本个数，这里取 100；$f_i(x)$ 是第 i 个预测误差的高斯分布概率密度函数。

图 5.3d 给出了图 5.3c 中 100 个误差高斯分布概率密度函数组成的混合高斯分布概率密度函数以及由统计得到的概率密度函数，从图 5.3d 中可以看出，两者十分相似，这说明每个时段的误差服从高斯分布，其组合后的概率密度函数接近于统计分布得到的概率密度函数，即误差的高斯分布假设是合理的。

4. 基于 SBL 的功率概率预测建模

首先基于常规回归预测模型（本节采用 SVM 模型）建立发电功率的单值预测模型，进而对其预测误差建立 SBL 模型，实现对未来误差 PDF 的预测，如图 5.4 所示，具体执行步骤如下：

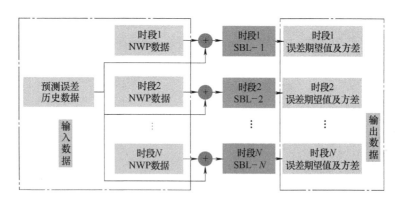

图 5.4　SBL 误差概率密度预测模型

1）将数据样本分为训练集、测试集和验证集，并对数据进行归一化处理。

2）利用训练集对每个前瞻时段训练一个单值预测模型，并对测试集进行功率单值预测，利用公式（5.9）得到预测误差样本。

3）利用测试集的预测误差样本和对应的 NWP 数据训练用于误差 PDF 预测的 SBL 模型。

4）利用训练好的单值预测模型对验证集进行功率单值预测，利用 SBL 模型进行误差概率分布预测，并利用 SBL 模型误差概率预测结果修正单值模型的预测结果；

$$\hat{p}_{t+k/t} = \bar{p}_{t+k/t} - \bar{e}_{t+k/t}$$
$$\hat{\sigma}^2_{t+k/t} = \bar{\sigma}^2_{t+k/t} \tag{5.11}$$

式中，t 为预测执行时刻；k 为前瞻时段数；$\hat{p}_{t+k/t}$ 为经过误差 PDF 修正后的功率预测值；$\hat{\sigma}^2_{t+k/t}$ 为功率波动方差；$\bar{p}_{t+k/t}$ 为单值模型功率预测值；$\bar{e}_{t+k/t}$ 和 $\bar{\sigma}^2_{t+k/t}$ 分别为 SBL 对误差分布预测所得的期望值和方差。

5.1.4　算例分析——以风电为例

采用 SVM 作为单值预测模型，SBL 作为误差概率密度预测模型对某实际风电场进行前瞻 48h 预测实验。为直观展示，如图 5.5 所示为一次风电功率概率预测结果，预测时刻为 0 时，对未来 48h 进行预测。图中展示了真实功率和预测期望功率曲线，以及 50% 和 90% 置信区间的误差带，由图可知，预测期望功率和真实功率曲线较为贴近，真实功率绝大部分落在 50% 置信区间内，极个别超过 50% 置信区间，但全部处于 90% 置信区间中，说明对误差的概率分布预测结果较为合理。

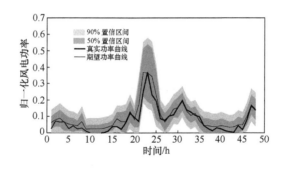

图 5.5　SBL 风电功率概率密度预测结果（见彩插）

1. 功率期望值预测精度分析

对于期望值预测结果，将本节所提方法、持续法和经典 SVM 方法预测结果进行比较，三种方法前瞻 48h 预测结果的归一化平均绝对误差（Normalized Mean Absolute Error，NMAE）指标如图 5.6 所示。从图中可以看出，本节所提方法的 NMAE 较持续法平均降低了 18.96%，而较经典 SVM 方法平均降低了 6.19%，这说明了本节所提方法在期望值预测上的有效性和精准性。

2. 分布预测合理性分析

功率概率密度预测不仅对期望值预测有精度要求，同时也要求分布预测结果具备一定的合理性。本节采用多种概率预测评价指标对预测误差的正态分布假设以及预测结果的合理性进行分析验证，包括预测分布失真率、边缘标度、中心概率区间以及连续排名概率得分（Continuous Ranked Probability Score，CRPS）。为了比较本

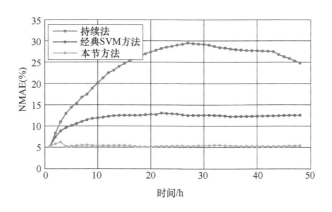

图 5.6　三种方法前瞻 48h 预测结果的 NMAE 指标

节所提方法分布预测效果的优劣，将本节所提方法与经验误差统计方法进行比较。经验误差统计方法是一种非参数概率分布函数估计方法，其不对概率分布函数做模型假设，而是通过历史预测误差数据统计分析得到经验分布函数，设 $s = \{e_{t+k/t,n}\}$ 为前瞻时段 k 的预测误差集合，其中 $k = 1,2,\cdots,K$；$n = 1,2,\cdots,N$；集合大小为 N，则得到的经验分布函数 $F_{t+k/t}^{\mathrm{error}}(\xi)$ 可以如下公式定义：

$$F_{t+k/t}^{\mathrm{error}}(\xi) = \frac{1}{N}\mathrm{Num}\{e_i \leqslant \xi, e_i \in \{e_{t+k/t,n}\}\} \tag{5.12}$$

式中，Num 表示求取集合 $s = \{e_{t+k/t,n}\}$ 中满足给定条件的元素数量。

　　首先，利用预测分布失真率指标进行预测效果的量化评估，本节区间划分总数为 6，区间划分、区间概率以及对应区间内理论落点数见表 5.1。对本节所提方法与经验误差统计方法前瞻 48h 的平均预测分布失真率指标进行统计，本节所提方法的 48h 平均预测分布失真率为 10%，而经验误差统计方法前瞻 48h 的平均预测分布失真率为 12%，说明使用本节所提方法得出的误差分布预测结果比经验误差统计方法更具合理性。

表 5.1　区间划分、概率及落点数

区间	$(-\infty, -2\sigma]$	$(-2\sigma, -\sigma]$	$(-\sigma, 0]$	$(0, \sigma]$	$(\sigma, 2\sigma]$	$(2\sigma, \infty]$
概率	0.0228	0.1359	0.3413	0.3413	0.1359	0.0228
落点数	114	680	1706	1706	680	114

　　边缘标度指标常用来评价经验累积分布函数与预测累积分布函数的等价性，其值越靠近 0 说明分布函数预测结果越接近真实的分布函数。图 5.7 所示为本节所提方法与经验误差统计方法前瞻 1h 误差分布预测结果的边缘标度指标（p 从

0% ~ 100%P_n），图中实线与虚线分别代表本节所提方法和经验误差统计方法，由图可知，本节所提方法预测得到的风电功率分布函数更接近真实的风电功率概率分布。

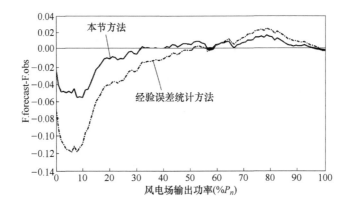

图 5.7　边缘标度指标

衡量概率预测效果的另一个重要方面在于预测误差带的宽窄，预测误差带越窄意味着概率预测效果越好，对调度决策的指导意义越强。本节所提方法与经验误差统计方法前瞻 1~48h 的 50% 中心概率区间和 90% 中心概率区间见表 5.2。从表中可以看出，两种方法前瞻 1h 预测结果的 50% 中心概率区间和 90% 中心概率区间相当，而其余时段，由本节所提方法预测得到的中心概率区间显著小于经验误差统计方法预测得到的中心概率区间，体现了本节所提方法的有效性。

表 5.2　50% 和 90% 中心概率区间预测

前瞻时长/h	50% 中心概率区间		90% 中心概率区间	
	本节所提方法	经验误差统计法	本节所提方法	经验误差统计法
1	0.0732	0.0796	0.1756	0.1760
2	0.0764	0.0805	0.1786	0.2581
4	0.0789	0.1137	0.1795	0.3352
8	0.0776	0.1283	0.1782	0.4217
16	0.0758	0.1479	0.1774	0.4304
32	0.0780	0.1561	0.1799	0.4266
48	0.0795	0.1592	0.1812	0.4384

连续排名概率得分指标（CPRS）是评价概率预测性能的综合指标，其值越小

说明方法预测性能越好，本节所提方法与经验误差统计方法的连续排名概率得分指标的统计结果如图5.8所示。由图可知，本节方法对48h内所有前瞻时段的风电场输出功率概率预测性能均优于经验误差统计方法。

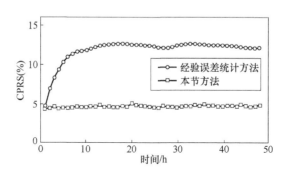

图5.8　两种方法的 CPRS 值统计结果比较

5.2　分位数回归

5.2.1　概述

分位数回归（Quantile Regression，QR）模型是 Koenker 和 Bassett 在研究最小二乘法时首次提出的。分位数回归模型具有以下优点：

1）能够更加全面地描述待预测变量条件分布的全貌，包括条件期望（均值）、中位数、分位数等；

2）与最小二乘法相比在离群值上表现得更加稳健；

3）对误差项要求并不严格，对于非正态分布估计表现得更加稳健。

本节综合了分位数回归模型的非参数概率估计能力以及 BP 神经网络强大的非线性拟合能力，在此基础上提出一种基于非线性分位数回归的新能源发电功率非参数概率预测模型，以风电场功率预测为例进行算例分析，结果表明所提模型与对比模型相比预测性能更优。

5.2.2　基于非线性分位数回归的新能源发电功率概率预测模型

1. 线性分位数回归

分位数回归思想所示如下。

对于受 k 个解释变量 X_1、$X_2 \cdots X_k$ 影响的待预测变量 Y，其分布函数可以表示为

$$F(y) = \mathrm{Pr}(Y \leqslant y) \tag{5.13}$$

则满足 $F(y) \geqslant \tau$ 的最小值就是 Y 的 τ 分位数，即

$$Q(\tau) = \inf\{y : F(y) \geqslant \tau\} \tag{5.14}$$

于是，线性分位数回归模型可以表示为

$$Q_\tau = \beta_0(\tau) + \beta_1(\tau)X_1 + \beta_2(\tau)X_2 + \cdots + \beta_k(\tau)X_k = \boldsymbol{X}^{\mathrm{T}}\boldsymbol{\beta}(\tau) \tag{5.15}$$

式中，τ 是分位点；$\boldsymbol{X}^{\mathrm{T}} = [X_1, X_2, \cdots, X_k]$ 是解释变量；Y 是待预测变量；$\boldsymbol{\beta}(\tau) = [\beta_1(\tau), \beta_2(\tau), \cdots, \beta_k(\tau)]^{\mathrm{T}}$ 是权重系数；Q_τ 表示待预测变量 Y 在解释变量 X 条件下的 τ 分位数。$\boldsymbol{\beta}(\tau)$ 的计算公式如下所示：

$$\hat{\boldsymbol{\beta}}(\tau) = \operatorname{argmin} \sum_{i=1}^{k} \rho_\tau(y_i - \boldsymbol{X}_i^{\mathrm{T}}\boldsymbol{\beta}) \tag{5.16}$$

式中，$\rho_\tau(\cdot)$ 是关于分位点 τ 的检验函数，具体形式如式（5.17）所示。当检验函数最小时，便可得到 $\beta(\tau)$ 的值。

$$\rho_\tau(y, Q_\tau) = \begin{cases} \tau(y - Q_\tau) & y - Q_\tau \geqslant 0 \\ (\tau - 1)(y - Q_\tau) & y - Q_\tau < 0 \end{cases} \tag{5.17}$$

得到 $\beta(\tau)$ 的估计值后，带入式（5.15）可进一步得到相应变量不同条件下的分位数估计值：

$$\hat{Q}_\tau = f(X_i, \hat{\boldsymbol{\beta}}(\tau)) = \boldsymbol{X}^{\mathrm{T}}\hat{\boldsymbol{\beta}}(\tau) \tag{5.18}$$

当 τ 连续地取（0，1）内的值后，便能得到待预测变量 Y 在解释变量 X 条件下的分布。

2. 基于 BP 神经网络的非线性分位数回归

由于解释变量 X 同待预测变量 Y 之间往往是非线性关系，线性分位数回归模型不能很好地进行复杂映射关系描述，因而需要用到非线性分位数回归模型。对于式（5.15），通过引入非线性函数 $g(X, \beta(\tau))$ 来构造非线性分位数回归模型：

$$Q_\tau = g(X, \beta(\tau)) \tag{5.19}$$

采用 BP 神经网络构建该非线性函数，在式（5.17）所示的检验函数基础上经过特殊处理后作为神经网络的损失函数，进而在神经网络训练过程中首先计算损失函数，然后利用梯度下降方法最小化损失函数值，以此优化神经网络的模型参数。

值得注意的是，分位数应该随着概率水平 τ 的增大而增大，然而分位数回归很容易产生分位数曲线相交的问题，在实际预测过程中，预测值应随 τ 增加而增加。因此神经网络输出层的激活函数可以由斜坡函数代替，对于任意的 $0 < \tau_1 < \tau < 1$，公式如下所示：

$$r(Q_\tau) = \begin{cases} Q_\tau & Q_\tau \geqslant Q_{\tau 1} \\ Q_{\tau 1} & Q_\tau < Q_{\tau 1} \end{cases} \tag{5.20}$$

梯度下降算法是神经网络中应用最广泛的优化算法，然而由式（5.17）和

式（5.20）可以看出，分位数回归算法的检验函数在原点处不可微，导致模型的损失函数在原点处也不可微，同时输出层的激活函数也在原点处不可微，进而影响模型的优化效果，如图5.9所示。

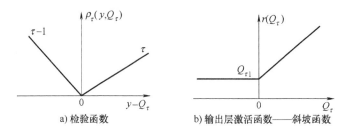

a) 检验函数　　　　　　　b) 输出层激活函数——斜坡函数

图5.9　原始检验函数与激活函数设置

为了增强模型的泛化能力，使神经网络与分位数回归算法更加匹配，本节引入了一种平滑函数对检验函数和斜坡函数进行合理修正，如图5.10所示。

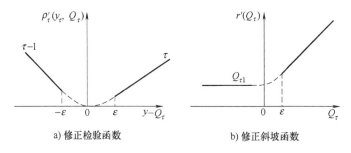

a) 修正检验函数　　　　　　　b) 修正斜坡函数

图5.10　改进后检验函数与激活函数设置

在原点处引入的平滑函数如下式所示：

$$h(y,Q_\tau)=\begin{cases}\dfrac{(y-Q_\tau)^2}{2\varepsilon} & 0\leqslant|y-Q_\tau|\leqslant\varepsilon\\[2mm]|y-Q_\tau|-\dfrac{\varepsilon}{2} & |y-Q_\tau|>\varepsilon\end{cases} \tag{5.21}$$

修正后的检验函数如下式所示：

$$\rho_\tau'(y,Q_\tau)=\begin{cases}\tau h(y,Q_\tau) & y-Q_\tau\leqslant0\\(1-\tau)h(y,Q_\tau) & y-Q_\tau<0\end{cases} \tag{5.22}$$

修正后的斜坡函数如下式所示：

$$r'(Q_\tau)=\begin{cases}h(y,Q_\tau) & Q_\tau\leqslant Q_{\tau1}\\Q_{\tau1} & Q_\tau<Q_{\tau1}\end{cases} \tag{5.23}$$

则修正后的损失函数如下式所示：

$$E'_\tau = \frac{1}{N} \sum_{t=1}^{N} \rho'_\tau (y_t - Q_\tau) \tag{5.24}$$

5.2.3　算例分析——以风电为例

本节以风电功率概率预测为例，进行算例分析验证所提非线性分位数回归算法的概率预测性能，选择 10m 风速、10m 风向、30m 风速、30m 风向、70m 风速、70m 风向、气压、温度、湿度作为模型输入的解释变量。为合理构建模型，将数据集分为训练集、验证集和测试集。训练集用于训练模型与确定模型的参数；验证集用于确定模型的训练终止条件，增强模型的泛化能力；测试集用于验证模型的实际预测性能。采用平均覆盖率误差 RACE 评价预测结果的可靠性，采用预测区间平均带宽 PINAW 评价预测结果的敏锐性，数据集详细划分见表 5.3。

表 5.3　数据集详细划分

数据集	时间	数据量（条）
训练集	2016 年 1 月 1 日 0:00—2016 年 6 月 1 日 0:00	2904×80
验证集	2016 年 6 月 1 日 0:00—2016 年 7 月 1 日 0:00	744×80
预测集	2016 年 11 月 1 日 0:00—2016 年 12 月 1 日 0:00	744×80

本节利用相同的数据集分别训练 BP 神经网络分位数回归模型（BP-QR）和线性分位数回归模型（L-QR），通过对二者概率预测结果的对比分析，验证预测模型的性能。为充分描述风电的波动特性，本节以 5% 分位点为间隔，生成 5%，10%，…，90%，95% 分位数，依次形成 90%，80%，…，20%，10% 的置信区间。

如图 5.11 所示为在测试集上 L-QR 和 BP-QR 的 80% 以及 90% 置信区间预测结果的可靠性指标随前瞻时长的变化情况，用于评估模型的可靠性。由图可知，前 4h BP-QR 在 80% 和 90% 置信度下预测结果的可靠性与 L-QR 并没有太大差异。从数据源分析，数值天气预报的准确性对预报结果的可靠性有一定的影响，即前瞻时间越短，数值天气预报的准确性就越高，因此预测结果越可靠。

随着预测时间尺度的延长，数值天气预报数据变得越来越不准确，导致预测结果的可靠性逐渐变差。另一方面，在输入数据一致的情况下，BP-QR 的可靠性略高于 L-QR，这说明本节提出的一系列改进方法是有效的，对预测效果产生了积极的影响。实验数据表明，BP-QR 在可靠性方面表现更为出色。

如图 5.12 所示为在 80% 和 90% 置信区间下 L-QR 和 BP-QR 预测结果的敏锐性评价指标随前瞻时长的变化情况。横轴表示预测的时间尺度，纵轴表示敏锐性评价

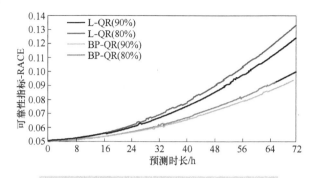

图 5.11　风电功率 80%和 90%置信区间的
可靠性指标随前瞻时长的变化趋势

指标 PINAW。对于同一预测模型，80%置信区间的敏锐性明显高于 90%置信区间，指标差异在 5.8%和 12.2%之间。不难理解，置信区间越小，宽度越窄，因此 80%的置信区间预测结果的敏锐性更好。另一方面，与 L-QR 模型相比，BP-QR 方法获得的分位数预测结果敏锐性更高，在 PINAW 数值上 BP-QR 比 L-QR 低 4.5%左右。尽管 L-QR 在原理上与 BP-QR 没有太大区别，但神经网络具有更明显的非线性拟合优势，能够更加准确地建模解释变量的非线性相依关系，总体而言，本节提出的非线性分位数回归方法概率预测结果敏锐性更好。

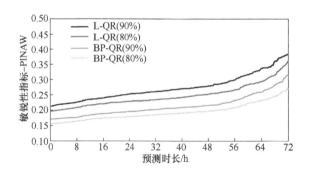

图 5.12　风电功率 80%和 90%置信区间的
敏锐性指标随前瞻时长的变化趋势

如图 5.13 所示为 2016 年 11 月 12 日 BP-QR 模型的 10%，20%，…，90%置信区间的变化情况，前瞻时间尺度为 72h，时间分辨率为 15min。可以看出，风电功率的观测值被预测的置信区间较好包围，另外可以看出低水平置信区间被高水平置信区间较好的包围，表明了提出的方法有效避免了分位数曲线相交的问题。

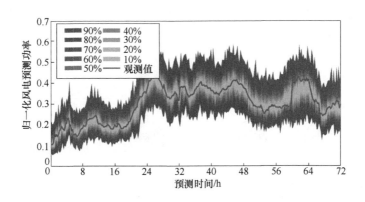

图 5.13　BP-QR 模型的 2016 年 11 月 12 日前瞻 72h 预测结果（见彩插）

5.3　D-S 证据理论

5.3.1　概述

根据是否对输出变量的概率分布形式做出假设，新能源发电功率概率预测模型可分为参数概率预测和非参数概率预测方法。参数概率预测方法提前确定输出变量的概率分布形式，进而对其参数进行优化学习，如稀疏贝叶斯学习假设输出变量服从高斯分布。相较于参数概率预测方法，非参数概率预测方法无需对概率分布特征进行先验假设，具有更好的适应性。但同时大多数概率预测模型在预测功率分布时未考虑发电功率的边界约束，导致概率分布越界时有发生。

本节提出了一种基于 D-S 证据理论的新能源功率概率分布非参数预测方法。首先利用单值预测模型对功率进行确定性预测，进而通过预测误差统计分析将误差空间离散为多个等间距区间，通过稀疏贝叶斯分类（Sparse Bayesian Classifier，SBC）对预测误差落在各设定区间内的概率进行估计；其次，利用 D-S 证据理论对功率在各设定区间上的概率分布进行融合，同时计算功率的边界约束条件，得到预测误差完整的概率分布；再次，方法将误差概率分布与单值预测结果进行融合得到功率概率分布预测结果。以风电为例，功率概率预测算例分析表明了所提方法的有效性和精准性。

5.3.2　误差条件概率预测

本节将前瞻 t 时段的单值预测误差可能存在的范围（由历史出现的最大预测偏差量决定）平均分为 S 个区间，对于每一个区间，利用 SBC 分类器对误差落入其中的概率进行预测，假设误差落入与否服从伯努利概型，则该问题本质为二分类问题。如图 5.14 所示，图中 p_s^t 表示误差落入第 $s(s=1,2,\cdots,S)$ 个区间的概率，$1-p_s^t$ 表示误差未落入第 s 个区间的概率。

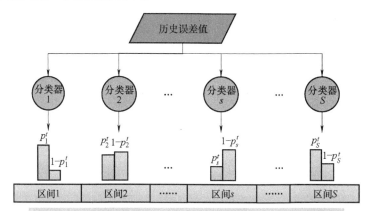

图 5.14 稀疏贝叶斯分类预测得到前瞻 t 时段的单值模型预测误差落在每个区间的概率

稀疏贝叶斯分类为稀疏贝叶斯学习在分类问题的应用，给定训练样本集 $\{(\boldsymbol{x}_n, z_n)\}_{n=1}^N$（$n$ 为样本序号；N 为样本集容量；$\boldsymbol{x}_n$ 为表征误差落点影响因素的解释变量；z_n 为与 $\boldsymbol{x}_n$ 对应的目标量，且 $z_n \in \{0,1\}$）。稀疏贝叶斯模型假设目标量可以表示为多个函数的线性加权，其数学模型如下：

$$y(\boldsymbol{x}_n; \boldsymbol{\omega}) = \sum_{i=1}^M \omega_i \phi_i(\boldsymbol{x}_n) = \boldsymbol{\omega}^T \boldsymbol{\phi}(\boldsymbol{x}_n) \tag{5.25}$$

式中，M 为权重系数的个数；$\phi_i(\boldsymbol{x}_n)$ 为 SBC 中的核函数，通常采用高斯核函数形式，$\boldsymbol{\phi}(\boldsymbol{x}_n) = (\phi_1(\boldsymbol{x}_n), \phi_2(\boldsymbol{x}_n), \cdots, \phi_N(\boldsymbol{x}_n))^T$；$\omega_i$ 表示权重系数，$\boldsymbol{\omega} = (\omega_1, \omega_2, \cdots, \omega_N)^T$。

对于二分类问题，SBC 的目标是给定一个新的输入 $\boldsymbol{x}$，得到其属于每一类的概率。按照统计惯例，将 Logistic Sigmoid 函数 $\sigma(y) = 1/(1+e^{-y})$ 应用到稀疏贝叶斯模型的目标量 $y(\boldsymbol{x}_n)$ 中来泛化该线性模型，同时，所求的输入 $\boldsymbol{x}$ 对应的概率值 $p(z|\boldsymbol{x})$ 采用伯努利模型表示，则 $\boldsymbol{x}$ 对应的每一类概率值可表示为

$$p(z=1|\boldsymbol{x}) = \sigma\{y(\boldsymbol{x}_n)\} = 1/(1+e^{-y(\boldsymbol{x}_n)})$$

$$p(z=0|\boldsymbol{x}) = 1-\sigma\{y(\boldsymbol{x}_n)\} = 1-1/(1+e^{-y(\boldsymbol{x}_n)}) \tag{5.26}$$

由于训练数据和参数过多，直接采用极大似然估计求取权重参数 $\boldsymbol{\omega}$ 会导致过学习的情况。为此，假设参数 ω_i 服从均值为 0、方差为 α_i^{-1} 的高斯分布，其中 α_i 是超参数，用于决定权重 ω_i 的先验分布。此处假设超参数 α_i 的先验分布符合 gamma 分布，最终求得 $\boldsymbol{\omega}$ 的后验分布均值和方差估计结果为：

$$\boldsymbol{\Sigma} = (\boldsymbol{\Phi}^T B \boldsymbol{\Phi} + A)^{-1}$$

$$\boldsymbol{\omega}_{MP} = \boldsymbol{\Sigma} \boldsymbol{\Phi}^T B z \tag{5.27}$$

式中，$\boldsymbol{\Phi} = [\phi(x_1), \phi(x_2), \cdots, \phi(x_N)]^T$；$\boldsymbol{A} = \mathrm{diag}(\alpha_0, \alpha_1, \cdots, \alpha_N)$；$\boldsymbol{B} = \mathrm{diag}(\beta_1, \beta_2, \cdots, \beta_N)$，其中 $\beta_n = \sigma\{y(x_n)\}[1 - \sigma\{y(x_n)\}]$。将所求得的权重最优参数 $\boldsymbol{\omega}_{MP}$ 代入（5.27）之后，可得到新的输入 $\boldsymbol{x}$ 对应的类别概率值 $p(z=1|\boldsymbol{x})$ 和 $p(z=0|\boldsymbol{x})$。若 $p(z=1|\boldsymbol{x}) \geqslant 0.5$，则 $z=1$，否则 $z=0$。

5.3.3　D-S 证据理论整合概率分布

由上所述可知，每个前瞻时段的预测误差落在每个区间的概率值都是利用独立 SBC 分类器预测得到的，因此，预测误差落在 S 个区间内的概率值不满足和为 1 的条件，即

$$\sum_{s=1}^{S} p_{s,\mathrm{new}}^t \neq 1 \tag{5.28}$$

此外，新能源发电的输出功率应在 $[0, G_N]$ 的范围内取值，这一约束也应体现在误差分布的预测结果中。为了解决上述问题，本节利用 D-S 证据理论，根据 SBC 预测结果，结合输出功率范围约束，整合得到预测误差的整体分布。

1. 预测误差范围的确定

预测功率应满足以下边界约束：

$$0 \leqslant G = G_{\mathrm{Pred}} + E_{\mathrm{rror}} \leqslant G_N \tag{5.29}$$

式中，G 为功率量测值；G_{Pred} 为单值模型预测结果；E_{rror} 为单值模型预测误差值。因此可得单值预测误差分布范围为

$$-G_{\mathrm{Pred}} \leqslant E_{\mathrm{rror}} \leqslant G_N - G_{\mathrm{Pred}} \tag{5.30}$$

将单值模型预测误差可能存在的范围平均分为 S 个区间，并对预测误差分别落在每个区间的概率值进行预测。然而受功率边界约束影响，其中部分区间在式（5.30）确定的预测误差分布范围以外。因此，需确定 S 个区间内符合预测误差分布范围的所有区间，如图 5.15 所示。

可以利用式（5.31）确定单值模型预测误差可能存在的上下边界区间 s_u 和 s_d，实际的预测误差应分布在区间 s_u ~ 区间 s_d 之间的区间范围上：

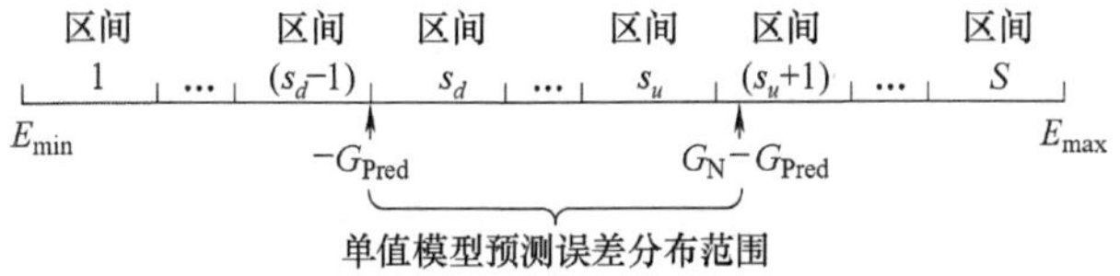

图 5.15　预测误差分布的区间范围

$$s_u = S - \lceil [E_{\max} - (G_N - G_{\mathrm{Pred}})]/G_{\mathrm{unit}} \rceil \tag{5.31}$$

$$s_d = \lceil (-G_{\mathrm{Pred}} - E_{\min})/G_{\mathrm{unit}} \rceil$$

式中，G_{unit} 是 SBC 中每个区间的功率跨度；$\lceil \cdot \rceil$ 是上取整函数，取值为不小于其作

用量的最小整数。

2. D-S 证据理论的基本原理

D-S 证据理论属于人工智能的范畴，最早在专家系统中应用，它可以把若干条独立的证据结合起来，综合多源信息得到多个证据共同作用产生的、反映融合信息的、新的基本概率分布。在 D-S 证据理论中，其识别框架 Θ 表示由互不相容的各个基本命题所组成的完备集合，表示针对目标问题可能得到的所有答案，Θ 的主要特点为有穷性和互斥性。假设识别框架为 $\Theta=\{A_1,A_2,\cdots,A_L\}$，其中 L 代表元素数目，所有证据命题均设为该框架的子集。

设 $B(B\subseteq\Theta)$ 代表识别框架 Θ 下的一个子集，即一个证据命题；2^Θ 代表包含识别框架 Θ 所有子集的集合，即 $2^\Theta=\{\phi,\{A_1\},\{A_2\},\cdots,\{A_L\},\{A_1,A_2\},\cdots,\{A_1,A_L\},\cdots,\Theta\}$。分配给该框架下各命题的信任程度称为基本概率分配（BPA），也称为 m 函数，可表示为：$2^\Theta\to[0,1]$，且 $m(\phi)=0$，$\sum_{B\in 2^\Theta}m(B)=1$。对于任意命题 $B(B\subseteq\Theta)$，$m(B)$ 为 B 的基本可信数，反映着对 B 的信度大小。如果 $m(B)>0$，则 B 被称为焦元。

根据 Dempster 合成法则，由多源信息得到支持元素 $A_i(i=1,2,\cdots,L)$ 的合成概率 $m(A_i)$ 如下式所示：

$$m(A_i)=(m_1\oplus m_2\oplus\cdots\oplus m_M)(A_i)$$
$$=\frac{1}{K}\sum_{B_1\cap B_2\cap\cdots\cap B_M=A_i}m_1(B_1)\cdot m_2(B_2)\cdot\cdots\cdot m_M(B_M)$$

(5.32)

式中，M 是证据源的数目；$m_j(j=1,2,\cdots,M)$ 是来自第 j 个证据源的基本概率分配；$B_j\subseteq\Theta$，且 B_j 是焦元；$\oplus$ 是直和运算；K 是归一化常数，以保证 $(m_1\oplus m_2\oplus\cdots\oplus m_M)$ 为一个 m 函数，K 可表示为

$$K=\sum_{B_1\cap B_2\cap\cdots\cap B_M\neq\phi}m_1(B_1)\cdot m_2(B_2)\cdots m_M(B_M)$$

(5.33)

3. D-S 证据理论在形成误差条件概率预测中的应用

对于功率概率分布这一问题，共有 $S+1$ 个证据（表示为 $D_1,D_2,\cdots,D_{S+1}$），即 S 个分类器的预测结果及功率范围约束，对应的基本概率分配函数分别为 $m_1,m_2,\cdots,m_{S+1}$。证据的命题概率分配见表 5.4。

表 5.4 事件 X 的多个证据的概率分配

命题	m_1	m_2	$\cdots$	m_S	m_{S+1}
$B_{1,1}=\{A_1\}$	$p_{1,\text{new}}$	0	$\cdots$	0	0
$B_{1,2}=\{\overline{A_1}\}$	$1-p_{1,\text{new}}$	0	$\cdots$	0	0
$B_{2,1}=\{A_2\}$	0	$p_{2,\text{new}}$	$\cdots$	0	0
$B_{2,2}=\{\overline{A_2}\}$	0	$1-p_{2,\text{new}}$	$\cdots$	0	0

（续）

命题	m_1	m_2	$\cdots$	m_S	m_{S+1}
$\vdots$	$\vdots$	$\vdots$	$\vdots$	$\vdots$	$\vdots$
$B_{S,1}=\{A_S\}$	0	0	$\cdots$	$p_{S,\text{new}}$	0
$B_{S,2}=\{\overline{A_S}\}$	0	0	$\cdots$	$1-p_{S,\text{new}}$	0
$B_{S+1}=\{A_{s_d},A_{s_d+1},\cdots,A_{s_u}\}$	0	0	$\cdots$	0	1

证据描述如下：

证据 D_1：误差落在第 1 个区间内（命题 $B_{1,1}$）的概率为 $p_{1,\text{new}}$，误差落在第 1 个区间之外（命题 $B_{1,2}$）的概率为 $1-p_{1,\text{new}}$；

……

证据 D_S：误差落在第 S 个区间内（命题 $B_{S,1}$）的概率为 $p_{S,\text{new}}$，误差落在第 S 个区间之外（命题 $B_{S,2}$）的概率为 $1-p_{S,\text{new}}$；

证据 D_{S+1}：误差落在分布范围区间 $\{A_{s_d},A_{s_d+1},\cdots,A_{s_u}\}$ 上（命题 B_{S+1}）的概率为 1。

由于概率为 0 的命题不是焦元，因此只需对每个证据在焦元上的概率分布进行整合，设 $m(A_s)(s=1,2,\cdots,S)$ 为 A_s 的基本可信数，反映综合多个 SBC 预测结果以及功率分布范围约束得到的元素 A_s 的可信数大小。根据 Dempster 合成法则，由多源信息得到误差落在第 s 个区间的概率值 $p_{D,s}$，即所有证据的焦元之间交元素为 A_s 的概率之和为

$$p_{D,s}=m(A_s)=(m_1\oplus\cdots\oplus m_S\oplus m_{S+1})(A_s)$$

$$=\frac{1}{K}\sum_{B_{1,i_1}\cap\cdots\cap B_{S,i_S}\cap B_{S+1}=A_s} m_1(B_{1,i_1})\cdots m_S(B_{S,i_S})m_{S+1}(B_{S+1}) \tag{5.34}$$

式中，$i_s=1,2(s=1,2,\cdots,S)$；$\oplus$ 是直和运算。

式（5.34）中的 K 可表示为：

$$K=\sum_{B_{1,i_1}\cap\cdots\cap B_{S,i_S}\cap B_{S+1}\neq\phi} m_1(B_{1,i_1})\cdots m_S(B_{S,i_S})m_{S+1}(B_{S+1}) \tag{5.35}$$

根据式（5.36），可以综合所有独立的 SBC 预测结果以及功率分布范围约束估计得到单值预测模型误差在所有区间上的概率分配 $p_D=[p_{D,1},p_{D,2},\cdots,p_{D,S}]$，将所有区间上的概率进行累积可得到单值模型预测误差 e 的误差概率分布函数 $\overline{F}(e)$，如图 5.16a 所示。将预测得到的误差概率分布函数 $\overline{F}(e)$ 与单值模型预测结果 G_{Pred} 叠加，得到最终的发电功率 g 的概率分布函数 $\overline{F}(g)$，如图 5.16b 所示。在图 5.16 中，误差离散量 e_s 由单值模型预测误差范围平均划分为 S 个区间获得，功率离散量 g_s 由误差离散量 e_s 与单值模型预测结果 G_{Pred} 相加得到，即

$$\begin{cases} e_s=E_{\min}+sG_{\text{unit}} \\ g_s=e_s+G_{\text{Pred}} \end{cases} \tag{5.36}$$

且有：

$$\begin{cases} e_0 = E_{\min} \\ g_0 = e_0 + G_{\text{Pred}} \end{cases} \tag{5.37}$$

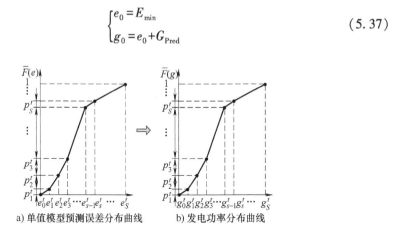

a) 单值模型预测误差分布曲线   b) 发电功率分布曲线

图 5.16　概率分布示意函数

5.3.4　算例分析——以风电为例

本节以风电为例，利用某装机容量为 74MW 的风电场数值天气预报和风电功率历史数据进行前瞻 48h 的风电功率概率预测实验，通过交叉检验，对本节所提方法的有效性进行验证，其中单值模型采用经典的 SVM 模型。

SVM 模型预测误差序列的区间划分数目 S 的取值，与单值预测精度指标 NMAE 和 NRMSE 的关系曲线如图 5.17 所示。由图可知，随着 S 数值的增大（区间划分变细），前瞻 48h 的 NMAE 和 NRMSE 的平均值先逐渐减小后逐渐增大，当 S 的数值在［20，150］范围内时单值预测精度相对较高。进一步考虑到区间数目较少时，每个区间的功率跨度较大，不利于进行概率估计，故 S 最终取值为 100。

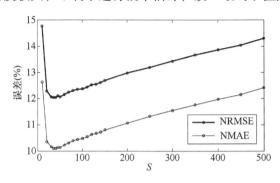

图 5.17　区间划分数目 S 与单值预测精度关系图

1. 单值预测精度

以 48h 的平均 NMAE 和平均 NRMSE 值作为单值预测精度指标，将持续法、SVM 方法与本节所提方法的期望预测结果进行比较，结果见表 5.5。分析可知，单独的 SVM 单值预测精度高于持续法，而本节所提方法的期望预测结果较单独的 SVM 方法精度又有较大提升。

表 5.5　3 种方法的 48h 平均 NMAE 和平均 NRMSE 指标比较

方法	NMAE 指标值（%）	NRMSE 指标值（%）
持续法	19.23	26.75
SVM 方法	13.18	15.89
本节所提方法	10.86	12.63

2. 概率预测结果合理性分析

以经验误差统计方法和线性分位数回归方法作为基准方法，与本节所提方法进行对比。采用多种概率预测评价指标对分布预测结果进行合理性分析，包括边际校准（Marginal Calibration，MC）、中心概率区间（Central Probability Interval，CPI）以及连续排名概率得分（Continuous Ranked Probability Score，CRPS）等。

首先，为直观说明预测效果，如图 5.18 所示为单次风电功率概率分布预测结果，预测时刻为 0 时，预测时长为 48h。从图中可以看出，实际值大部分时段落在 50% 置信区间内，极个别实际值超过 90% 置信区间，说明对功率的分布预测结果较为合理。

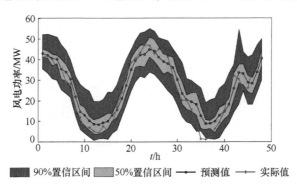

图 5.18　单次风电功率概率分布预测结果

（1）边际校准

图 5.19 所示为本节所提方法与基准方法前瞻第 5h 分布预测结果的边际校准指标比较。图中，理想结果为预测值等于实际值时的边际校准值。由图可知，本节所提方法预测得到的边际校准值较两种基准方法更接近于 0，即更接近于实际结果，说明本节所提方法得到的预测分布结果更加趋近于真实分布。

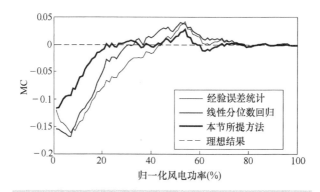

图 5.19　前瞻第 5h 分布预测结果的边际校准指标比较

（2）中心概率区间

本节采用了较常用、相对具有代表性的 50% 和 90% 中心概率区间评估分布预测的敏锐性。本节所提方法与基准方法前瞻 1~48h 的 50% 中心概率区间和 90% 中心概率区间分别如图 5.20a 和图 5.20b 所示。由图可知，本节所提方法预测得到的中心概率区间显著小于经验误差统计方法，并且在除前瞻 1h 之外的其余时段，均小于线性分位数回归方法，表明本节所提方法的分布预测集中度较好，对调度决策的指导意义更强。

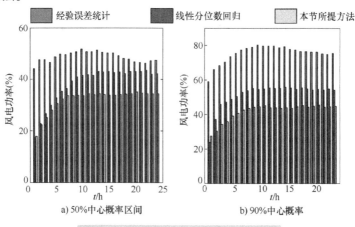

图 5.20　三种方法的 CPI 指标比较

（3）连续排名概率得分

连续排名概率得分指标是评价概率预测性能的综合指标，它可以同时评估分布预测结果的可靠性和敏锐度，其值越小说明方法预测性能越好。本节所提方法与两种基准方法的连续排名概率得分指标统计结果如图 5.21 所示。由图可知，3 种方法前瞻 1h 预测结果的 CRPS 值相当，而其余时段，本节所提方法的概率预测性能均优于两种基准方法。

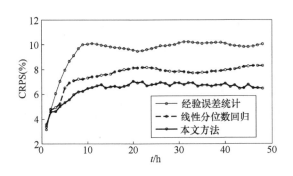

图 5.21　三种方法的 CRPS 指标比较

5.4　核密度估计

5.4.1　概述

核密度估计（Kernel Density Estimation，KDE）由 Rosenblatt 和 Parzen 二人首先提出，因此也常被称作 Parzen 窗，后来 Ruppert 和 Cline 二人在原算法的基础上改进了 Parzen 窗。KDE 是一种典型的非参数概率预测方法，其从给定的数据样本出发，将每一点的概率分配到其附近的区间，最终得到的概率密度函数就是所有独立点区间概率密度的累加。因此，KDE 无需对预测对象概率分布预先做出假设，避免了由假设分布不合理带来的预测误差。

本节详细介绍了 KDE 的基本原理，阐述了几种常用的核函数以及带宽选择算法，在此基础上基于多变量条件 KDE 模型，构建新能源发电功率相对气象解释变量的条件概率预测模型，并以光伏为例测试所构建模型在期望单值预测以及概率分布合理性上的表现，算例分析表明所提模型具有优异的预测性能。

5.4.2　基于 KDE 的新能源发电功率概率预测模型

1. KDE 原理

传统的频率直方图是描述一组数据分布情况的基础工具，其具有以下特点：矩形面积为该区间的频次；矩形的高度为该区间的平均频率。在此基础上利用微分思想，将频率直方图组距逐渐缩小，矩形的宽度也将越来越小，在极限情况下，频率直方图将变成一条曲线，即概率密度曲线。

随机变量的取值落在某区域内的概率值为概率密度函数 $f(x)$ 在这个区域的积分，即 $\Pr(a < x < b) = \int_a^b f(x)\,\mathrm{d}x$，根据上述定义，累积概率分布函数为 $F(x) =$

$\int_{-\infty}^{x} f(y)\,\mathrm{d}y$，根据微分思想，则有以下公式：

$$f(x_0) = \lim_{h \to 0} \frac{F(x_0 + h) - F(x_0 - h)}{2h} \tag{5.38}$$

在上述公式的基础上，给定一维数据 $x_1, x_2, \cdots, x_n$，假设该样本数据的累积分布函数为 $F(x)$，概率密度函数为 $f(x)$，引入累积分布函数的经验分布函数如下所示：

$$F_n(t) = \frac{1}{n} \sum_{i=1}^{n} 1_{x_i \leqslant t} \tag{5.39}$$

经验分布函数使用 n 次样本中 $x_i \leqslant t$ 出现的次数与 n 的比值来描述累积概率分布 $F_n(t)$，将该函数代入式（5.38）可得：

$$f(x) = \lim_{h \to 0} \frac{1}{2nh} \sum_{i=1}^{n} 1_{x-h \leqslant x_i \leqslant x+h} \tag{5.40}$$

式中，h 是带宽，在实际计算中需提前给定，且不能过大也不能过小，过大将不满足 $h \to 0$ 的条件，过小将需要大量的样本。确定带宽 h 后，$f(x)$ 的公式可表示为

$$f(x) = \frac{1}{2nh} \sum_{i=1}^{n} 1_{x-h \leqslant x_i \leqslant x+h} = \frac{1}{2nh} \sum_{i=1}^{n} \hat{K}\left(\frac{|x - x_i|}{h}\right) \tag{5.41}$$

令 $t = \dfrac{|x - x_i|}{h}$，则当 $0 \leqslant t \leqslant 1$ 时，$\hat{K}(t) = 1$，对式（5.41）的概率密度函数积分可得：

$$\int f(x)\,\mathrm{d}x = \int \frac{1}{2nh} \sum_{i=1}^{n} \hat{K}\left(\frac{|x - x_i|}{h}\right) \mathrm{d}x = \int \frac{1}{2n} \sum_{i=1}^{n} \hat{K}(t)\,\mathrm{d}t = \int \frac{1}{2} \hat{K}(t)\,\mathrm{d}t \tag{5.42}$$

令 $K(t) = \dfrac{1}{2}\hat{K}(t)$，根据概率密度函数的定义，有

$$\int K(t)\,\mathrm{d}t = 1 \tag{5.43}$$

式中，$K(t)$ 是核函数，由此 KDE 的表达式为

$$f(x) = \frac{1}{nh} \sum_{i=1}^{n} K\left(\frac{|x - x_i|}{h}\right) \tag{5.44}$$

式中，n 是样本的数目；h 是窗宽，h 的大小决定了概率密度函数的光滑程度，K 表示核函数。

2. 常用核函数

KDE 方法的核函数种类较多，目前应用较为广泛的主要有以下几种：

1）余弦核函数：

$$K_C(x) = \begin{cases} \dfrac{\pi}{4}\cos\dfrac{\pi}{2}x & |x| \leqslant 1 \\[2mm] 0 & |x| > 1 \end{cases} \tag{5.45}$$

2）高斯核函数：

$$K_G(x) = \frac{1}{\sqrt{2\pi}}\exp\left(-\frac{x^2}{2}\right) \qquad x \in (-\infty, +\infty) \tag{5.46}$$

3）三角核函数：

$$K_T(x) = 1 - |x| \qquad |x| \leqslant 1 \tag{5.47}$$

4）双权核函数：

$$K_Q(x) = \frac{15}{16}(1-x^2) \qquad |x| \leqslant 1 \tag{5.48}$$

5）伊番科尼科夫核函数：

$$K_E(x) = \begin{cases} \dfrac{3}{4\sqrt{5}}\left(1 - \dfrac{1}{5}x^2\right) & |x| \leqslant \sqrt{5} \\ 0 & |x| > \sqrt{5} \end{cases} \tag{5.49}$$

实践表明，在样本量足够大的情况下，KDE 的效果受核函数的影响可以忽略不计，且在大多数情况下，使用高斯核函数可以达到很好的估计效果。

3. 带宽优化算法

在核函数确定后，还需要确定带宽 h 的取值。h 的大小决定着 KDE 的光滑度，因此在实际应用中更需要关注 h 的取值。若带宽 h 过大，意味着值域内单点所能影响的区间范围更大，拟合后会造成曲线过于平滑，有更多细节将被忽略；若带宽 h 过小，则辐射区间的权重更集中于一点，从整个拟合曲线角度来看，波动的频率和幅度都会变大，整个曲线的走势会变得模糊不清。通常情况下，如果样本分布比较均匀，就可以选择比较宽的带宽取值；如果样本分布不均匀，并且波峰和波谷比较明显，则需要适当减小带宽取值。如图 5.22 所示为高斯核函数在不同带宽下概率密度函数估计结果。

在求取最优带宽时需要综合考虑偏差和方差的影响，可以将其作为估计所得的概率密度函数的评价指标，并使误差最小。通常选用积分均方差（Mean Integrated Square Error，MISE）作为误差度量标准：

$$\text{MISE}(h) = E\int(\hat{f}(x) - f(x))^2 dx \tag{5.50}$$

式中，$\hat{f}(x)$ 是概率密度的估计结果；$f(x)$ 是实际的概率密度函数。由式（5.50）进一步推导可得出：

$$\text{MISE}(h) = \int_{-\infty}^{+\infty} \text{var}[\hat{f}(x)] dx + \int_{-\infty}^{+\infty} \text{bias}^2[\hat{f}(x)] dx$$

$$\text{var}[\hat{f}(x)] = \frac{1}{nh}f(x)\int_{-\infty}^{+\infty} K^2(u) du + o(n^{-1}h^{-1}) \tag{5.51}$$

$$\text{bias}^2[\hat{f}(x)] = \frac{1}{2}h^2 f''(x)\int_{-\infty}^{+\infty} u^2 K(u) du + o(h^2)$$

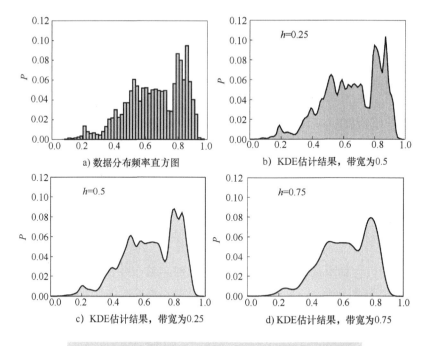

a) 数据分布频率直方图

b) KDE估计结果，带宽为0.5

c) KDE估计结果，带宽为0.25

d) KDE估计结果，带宽为0.75

图 5.22   高斯核函数在不同带宽下概率密度估计结果

进一步简化，可以得到 MISE 的近似表达式，即近似积分均方差（ARMISE）的公式：

$$\text{ARMISE}(h) = \frac{R(K)}{nh} + \frac{1}{4}h^4[\mu_2(K)]^2 R(f'') \tag{5.52}$$

式中，$R(K) = \int_{-\infty}^{+\infty} K^2(u)\,\mathrm{d}u$；$\mu_2(K) = \int_{-\infty}^{+\infty} u^2 K^2(u)\,\mathrm{d}u$；$R(f'') = \int_{-\infty}^{+\infty} [f''(x)]^2(u)\,\mathrm{d}u$。

（1）拇指原则   通过对式（5.52）求 h 的偏导数，可以得到最优带宽：

$$\hat{h}_{\text{ARMISE}} = \left[\frac{R(K)}{[\mu_2(K)]^2 R(f'')n}\right]^{\frac{1}{5}} \tag{5.53}$$

通过式（5.53）可以看出，最优带宽 h 的取值与概率密度分布有关，选择不同的概率密度分布形式，对应着不同的最优 h。Silveman 提出的拇指原则，即是假定样本满足正态分布，将其代入式（5.53），可以得到：

$$h = \left(\frac{4\sigma^5}{3n}\right)^{\frac{1}{5}} \approx 1.06\hat{\sigma}n^{\frac{1}{5}} \tag{5.54}$$

式中，$\hat{\sigma}$ 是样本的标准差。

（2）无偏交叉验证法   无偏交叉验证法是在没有模型预设的情况下最常用的一种方法。无偏交叉验证法的本质是积分平方误差的最小化，可有效避免观测数据重复使用导致的过度拟合。将积分平方误差展开得到：

$$\text{ISE}(h) = \int f_h^2(x)\,\mathrm{d}x - 2E[f_h(x)] + \int [f(x)]^2\,\mathrm{d}x \qquad (5.55)$$

式中，最后一项是常数，因此最小化积分均方差可以简化为

$$\begin{aligned} \text{UCV}(h) &= \int f_h^2(x)\,\mathrm{d}x - 2E[f_h(x)] \\ &= \int f_h^2(x)\,\mathrm{d}x - \frac{2}{h(n-1)n}\sum_{i=1}^{n}\sum_{\substack{j=1 \\ j\neq i}}^{n} K\left(\frac{x_i - x_j}{h}\right) \end{aligned} \qquad (5.56)$$

由式（5.56）可知，用 UCV 计算 f 在第 i 个数据点的质量时，模型用除第 i 个点以外的所有数据拟合，这样很大程度避免了估计量有太多的波动或虚假峰值的情况。在实际应用中根据无偏交叉验证法得到的带宽拟合出的曲线对观测数据有很强的依赖性，所以对于来自同一分布的不同数据集，得到的带宽大小差别非常大，虽然无偏交叉验证法避免了过度拟合的现象，但可能会发生曲线光滑不足的情况。

除此之外，常见的求取最优带宽的方法还有：Park-Marron 插值法、解方程法等，这里不再细述。

4. 基于条件 KDE 的新能源发电功率非参数概率预测

对于新能源发电功率非参数概率预测，给定样本集 $\{x_i, y_i\}_{i=1}^{N}$，基于 KDE 构建条件概率模型 $\Pr(y|x)$，根据贝叶斯全概率法则，由式（5.44）KDE 的条件概率密度形式可推导为

$$\Pr(y|x) = \frac{f_{xy}(x,y)}{f_x(x)} = \frac{\sum\limits_{i=1}^{n} K\left(\dfrac{x - x_i}{h_x}\right) K\left(\dfrac{y - y_i}{h_y}\right)}{\sum\limits_{i=1}^{n} K\left(\dfrac{x - x_i}{h_x}\right)} \qquad (5.57)$$

式中，f_{xy} 是联合概率分布；f_x 是边缘密度分布；$K(\cdot)$ 是所使用的核函数；h_x、h_y 是变量 x 和 y 的带宽参数，控制着输出概率密度的平滑程度。

5.4.3　算例分析——以光伏为例

本节以光伏发电功率概率预测为例，验证所提模型的有效性，数据来自山东省某地装机容量为 80MW 的光伏场站，包括输出功率实测数据以及数值天气预报数据。数据集取自 2019 年 7 月 2 日至 2020 年 6 月 29 日，共 328 天，时间分辨率为 15min。以预测气象要素为模型输入解释变量，以光伏发电功率为模型输出，构建基于条件 KDE 的光伏发电功率非参数概率预测模型。

为了模型测试需要，将采用基于 SVM 单值预测的经验误差统计法（SVM-EDF）、线性分位数回归法（L-QR）作为对比模型，利用相关概率预测评价指标预测结果评估验证条件 KDE 非参数概率预测的性能。将样本数据合理划分为训练数据集和预测数据集，训练数据集用于条件 KDE 的训练，预测数据集用于测试条件

KDE 模型的预测效果。样本数据的具体划分情况见表 5.6。

表 5.6　样本数据的划分情况

样本数据	数据描述	时间分辨率	数据量
训练数据集	2019 年 7 月 2 日~2020 年 6 月 1 日	15min	28800
预测数据集	2020 年 6 月 2 日~2020 年 6 月 29 日	15min	2688

1. 单值预测精度

各对比模型和 KDE 模型所得的光伏期望功率预测结果见表 5.7。可以看出，KDE 模型相较 SVM-EDF 和 L-QR 模型在 RMSE 和 MAE 指标上都更小，说明所提模型具有更好的光伏功率单值预测性能。其中 RMSE 分别降低了 4.05% 和 8.52%，MAE 分别降低了 5.56% 和 12.57%。

表 5.7　不同方法所得光伏功率期望单值预测结果对比（MW）

预测模型	RMSE	MAE
KDE	3.76	1.53
SVM-EDF	3.92	1.62
L-QR	4.11	1.75

2. 概率预测结果合理性分析

从可靠性、敏锐性、综合性方面采用多种概率预测评价指标对分布预测结果进行合理性分析，包括预测区间覆盖率 PICP、平均覆盖误差 ACE、预测区间归一化平均带宽 PINAW 以及 pinball 损失函数等。表 5.8 中列出了 KDE 同 SVM-EDF 以及 L-QR 的光伏功率概率预测对比结果。

表 5.8　不同方法所得光伏功率概率预测结果对比

预测模型	PICP（%）	ACE（%）	PINAW（%）	pinball
KDE	95.86	0.76	18.58	645.58
SVM-EDF	93.72	1.42	22.16	823.71
L-QR	97.95	2.96	23.52	849.94

可以看出，在三种方法的 PICP 指标和 ACE 指标相近的情况下，KDE 的 PINAW 和 pinball 指标均比 SVM-EDF 和 L-QR 更低，与其他两种方法相比，PINAW 指标分别降低了 3.58% 和 4.94%，pinball 指标分别降低了 21.63% 和 24.04%，说明 KDE 在保证可靠性的前提下，具有更好敏锐性以及综合性能。

图 5.23 所示为通过 KDE 模型得到的连续四天光伏功率概率预测结果。如图所

示，浅色区域和深色区域分别表示 95% 预测区间和 90% 预测区间，虚线表示实际值。可以看出，在这连续四天中，KDE 模型所得的预测区间很好地覆盖了实际的光伏功率曲线，表明模型具有较为理想的概率预测可靠性。另一方面，在预测的第一天和第二天，虽然都实现了可靠的预测，但预测区间带宽明显较宽，而第三天和第四天在可靠性和敏锐性两方面均有较好的结果，出现这种现象的原因在于第一天和第二天出现了阴天等复杂天气，训练集中类似条件样本数量较少，所以导致预测精度有所降低。

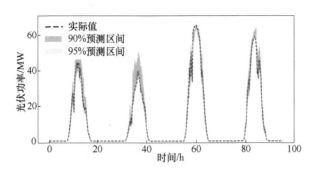

图 5.23　连续四天光伏功率概率区间预测结果

5.5　本章小结

本节针对风光新能源发电功率概率预测，围绕参数概率预测和非参数概率预测两种常用的概率预测技术路线开展研究，总结了两种技术路线的优势与缺点。在参数化概率预测上，本章提出基于稀疏贝叶斯学习的概率预测模型，并以风力发电为例证实 KDE 模型相比传统模型具有一定优势。在非参数概率预测上，本章分别提出了基于分位数回归、DS 证据理论、条件核密度估计的概率预测模型，并以风电光伏为例验证了模型的有效性。

Chapter 6
第6章

风光新能源发电
组合预测

6.1 单值预测组合模型

6.1.1 概述

目前,针对新能源发电功率单值预测的研究主要集中在单一模型上。然而,单一模型在泛化性能方面无法得到很好的改善,特别是在极端气象条件下,可能会产生较大的预测误差。任何一种模型的应用均具有优势场景与劣势场景,通过多个模型组合的方式可以弥补单一模型的预测缺陷,融合多个模型的优势,提升预测结果的鲁棒性,显著改善模型的预测效果。但目前的研究多直接采用算数平均的方式进行组合,缺乏足够的理论支撑。

基于此,本节提出了一种基于集成自适应增强随机森林(Ensemble Adaptive Boosting Random Forests,EABRF)的新能源发电功率单值预测组合方法。该方法将集成学习思想用于新能源功率预测,利用数值天气预报(Numerical Weather Prediction,NWP)数据和历史功率数据,充分挖掘功率与气象因素之间复杂的非线性关系。该方法为训练样本设置了权重,并采用自助法采样的方式,生成具有权重的子训练数据集来训练决策树,并将每个决策树的平均值作为随机森林的输出。该方法通过计算误差率,为每个随机森林分配相应的权重,进而获得随机森林的加权结果,实现新能源发电功率的单值组合预测。以光伏功率预测为例,选用宁夏回族自治区的四座光伏场站测试模型的性能,结果表明所提方法有效地降低了过拟合的风险,提高了功率预测精度。

6.1.2 自适应增强集成模型原理

1. 集成学习算法

集成学习 (Ensemble Learning) 算法属于组合方法的范畴，它通过将多种不同学习模型组合在一起进行优势融合，以提升模型预测性能，图6.1所示为集成学习算法的一般结构。首先创建一组独立的学习模型，然后将其用某种集成策略进行组合，其中各学习模型可以由同一种算法得到，也可以由不同算法得到。集成学习算法根据集成策略可以划分为 Bagging 算法、Boosting 算法和 Stacking 算法。

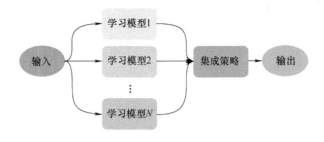

图6.1 集成学习算法的一般结构

2. 随机森林算法

随机森林算法是一种应用广泛的集成学习算法，其基本组成部分是决策树，常见的决策树有：ID3 决策树、C4.5 决策树、分类和回归树 (Ciassification and Regression Trees, CART) 等。该模型目前主要应用于分类问题、特征重要性评估以及非线性多元回归。该算法具有以下优点：在较大的样本数据下仍可以保持很高的运行效率；当输入数据为高维样本时不需要特征降维；可以获得内部误差的无偏估计等。

得益于以上优点，随机森林算法在电力系统相关预测领域受到了广泛的重视。本节利用随机森林算法进行新能源发电功率单值组合的预测，并选用 CART 来实现随机森林算法。训练模型的关键是确定切分变量、切分点以及对切分变量、切分点优劣的衡量。通常，使用穷举法来寻找最佳的切分变量和切分点。然后通过计算切分后的节点的不纯度来衡量切分变量、切分点的优劣，其计算公式如下所示：

$$G(x_i, v_{ij}) = \frac{n_{\text{left}}}{N_s} H(X_{\text{left}}) + \frac{n_{\text{right}}}{N_s} H(X_{\text{right}}) \tag{6.1}$$

式中，x_i 是切分变量；v_{ij} 是切分变量的一个切分值；n_{left} 和 n_{right} 分别是切分后左/右子节点的训练样本数；N_s 是该节点总训练样本数；X_{left} 和 X_{right} 分别是左/右子节点的训练集；$H(X)$ 为节点的不纯度。

在解决回归类问题时，$H(X)$ 通常选择均方误差，计算公式如下所示：

$$H(X_m) = \frac{1}{N_m} \sum_{i \in N_m} (y - \bar{y}_m)^2 \tag{6.2}$$

因而模型中某一节点的训练过程可以等价于如下所示优化问题：

$$(x^*, v^*) = \mathrm{argmin}_{x,v} G(x_i, v_{ij}) \tag{6.3}$$

式中，x^* 是目标切分变量；v^* 是目标切分变量的一个切分值。

3. 自适应增强算法

自适应增强算法是一种迭代提升算法，其为样本分配权重，并在不断的训练过程中计算出准确率用于更新原先的权重，并用更新后的带权重的样本训练下一级模型，最终将所有训练模型按照准确率的高低赋予相应权重，组合到一起构成增强型模型。自适应增强算法作为元算法框架，可以进一步提高原算法的预测精度，所以得到了广泛的应用。本节利用自适应增强算法来优化随机森林模型，具体的优化步骤如下。

1）为训练样本 D 分配初始的权重分布 W_1：

$$D = \{(x_i, y_i)\}_{i=1}^{m} \tag{6.4}$$

$$W_1 = (w_{11}, \cdots, w_{1i}, \cdots, w_{1m}) \tag{6.5}$$

$$w_{1i} = \frac{1}{m} \qquad i = 1, 2, \cdots, m \tag{6.6}$$

式中，x_i 包含多维 NWP 数据；w_{1i} 是预测模型每个输入向量的权重；m 是样本数据的大小。

2）对于迭代次数 $n = 1, 2, \cdots, N$，在当前权重分布 W_n 上训练随机森林模型 f_n，并计算误差率 ε_n，以及随机森林模型 f_n 的权重系数 α_n：

$$\varepsilon_n = \sum_{i=1}^{m} w_{ni} \frac{(y_i - f_n(x))^2}{(\max|y_i - f_n(x)|)^2} \tag{6.7}$$

$$\alpha_n = \frac{\varepsilon_n}{1 - \varepsilon_n} \tag{6.8}$$

3）更新训练样本的权重分布 W_{n+1} 并返回步骤2）：

$$W_{n+1} = (w_{n+1,1}, \cdots, w_{n+1,i}, \cdots, w_{n+1,m}) \tag{6.9}$$

$$w_{n+1,i} = \frac{\alpha_n^{1-e_{ni}}}{\sum_{i=1}^{m} w_{ni} \alpha_n^{1-e_{ni}}} w_{ni}, i = 1, 2, \cdots, m \tag{6.10}$$

4）构建随机森林模型的线性组合来获得最终模型 $F(x)$，其公式如下所示：

$$F(x) = \sum_{n=1}^{N} \left(\ln \frac{1}{\alpha_n}\right) f_n(x) \tag{6.11}$$

6.1.3　基于自适应增强的单值集成组合预测

本节提出了一种基于集成自适应增强随机森林（EABRF）的新能源功率单值

组合预测方法。该方法不需要标准化训练数据集或对多维特征采取降维措施，可利用自助抽样法来获得不同的子训练集。通过平均各个决策树，得到随机森林的结果。之后，通过计算误差率并为每个随机森林分配相应的权重，来获得随机森林的加权结果，实现功率单值组合预测。

该方法的优势主要表现在以下几个方面：

1）根据集成学习的思想将随机森林和自适应增强相结合，可以降低发生过拟合的风险。

2）随机森林算法无需特征选择即可处理高维数据，因而可以充分挖掘多维 NWP 数据中的特征信息。

3）自适应增强具有出色的灵活性和通用性，将其与随机森林组合，可增强模型的鲁棒性。

集成自适应增强随机森林模型框架如图 6.2 所示，该方法主要包括两个部分，即训练部分和预测部分：

1）在训练部分，输入的数据包含多维 NWP 数据和历史发电功率数据。首先，初始化训练样本的权重分布；其次，利用 Bootstrap 对训练样本进行采样，从中得到多个子训练样本来训练不同的决策树；再次，对内部决策树的结果取平均，输出随机森林预测结果；从次，计算该随机森林的误差率和相应权重，如果随机森林的数量未达到设定的 N 个，则更新训练样本权重分布并生成下一个随机森林；最后，在生成了 N 个随机森林后，便可以得到随机森林的加权结果。

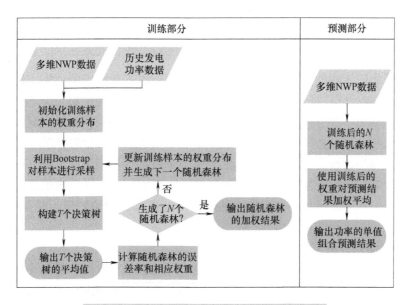

图 6.2 集成自适应增强随机森林模型框架

2）在预测部分，输入数据只包含多维 NWP 数据，将其输入至训练完成的集成自适应增强随机森林模型中，然后用训练后的权重对预测结果加权平均，就可得到功率的单值组合预测结果。

6.1.4 算例分析——以光伏功率预测为例

1. 数据描述

本节以光伏功率预测为例测试集成单值组合模型的有效性与精准度，选用两种常用的指标，即 RMSE、MAE，对所提模型进行精度评价。本节的算例数据源自宁夏回族自治区的某地 4 座光伏场站，使用的数据包括场站运行功率数据以及 NWP 数据，每个光伏场站的装机容量约为 100MW，数据集时间跨度为 2018 年 1 月 1 日~2018 年 10 月 27 日，时间分辨率为 15min。NWP 数据空间分辨率为 3km，时间分辨率为 15min，预测时间尺度为超前 24h，气象要素包括短波辐射、长波辐射、风速、风向、云量、气压、降水量、大气温度和相对湿度等。为了对本节所提模型进行测试，需要将样本数据划分成训练数据集和预测数据集。样本数据的具体划分情况见表 6.1。

表 6.1 样本数据划分情况

样本数据	数据描述	时间分辨率	数据量
训练数据集	2018 年 1 月 1 日至 2018 年 10 月 27 日随机抽取 275 天	15min	27360
预测数据集	2018 年 1 月 1 日至 2018 年 10 月 27 日剩余的 15 天	15min	1440

划分后的训练数据集，用于集成自适应增强随机森林模型的训练，训练过程中需要对模型训练效果进行交叉验证。交叉验证即在建模过程中利用大部分样本数据进行建模，剩余小部分样本数据用来检验所建模型的性能，并计算预测误差。根据数据集的大小，可以选择 K 折交叉验证或者留一验证。本算例对预测模型采用五折交叉验证：即将数据均分为 5 段，每次选其中 4 段进行模型训练，剩下一段检验模型的预测效果，如此重复 5 次，模型对每段样本数据均进行了一次预测。划分后的预测数据集，用于测试集成自适应增强随机森林模型的预测效果，并采用 MAE 指标和 RMSE 指标进行性能评估。

2. 预测结果分析与比较

在本算例研究中，所提出模型共包含 7 个随机森林，对于每个随机森林，CART 的数量为 140，节点的最小样本数量为 1，节点切分的最小样本数为 10，最大树深度为 32。为了验证所提出模型的预测性能，采用神经网络（ANN）和支持向量机（SVM）进行对比。ANN 模型的神经元数量为 170，隐藏层数量为 1，初始学习率为0.001，学习率方案为adaptive，权重优化求解器为lbfgs；SVM模型惩罚系数为120，核函数类型为线性。

表6.2列出了4个光伏场站的测试结果。可以看出，对于所有光伏场站，本节所提方法相比神经网络和支持向量机具有更低的RMSE和MAE。具体来说，相比ANN和SVM，本节所提方法的4个光伏场站的平均RMSE分别降低了0.56MW和4.88MW，平均MAE分别降低了1.27MW和3.79MW。

表6.2　使用不同方法后4个光伏场站功率预测结果对比　（单位：MW）

光伏场站	RMSE			MAE		
	EABRF	ANN	SVM	EABRF	ANN	SVM
A	7.11	7.46	12.62	3.66	4.46	7.24
B	7.47	7.97	12.56	3.80	5.47	8.35
C	7.03	7.99	10.54	3.98	5.61	6.58
D	7.56	7.98	12.97	4.14	5.15	8.57
平均值	7.29	7.85	12.17	3.90	5.17	7.69

图6.3直观地显示了EABRF模型在4个光伏场站中实际值和预测值的对比曲线，图中虚线表示光伏场站功率预测值，实线表示实际值。可以看出，基于EABRF模型的预测方法可以有效地实现对光伏场站功率的精准预测。从4个光伏场站的预测结果可以看出，第二天的预测效果较好，而第一天的预测效果较差。这是因为复杂的天气条件导致光伏发电功率发生剧烈波动，给光伏功率预测带来了一定困难。但可以看出，当外部环境略有变化时，基于EABRF模型的方法仍具有良好的预测效果，表明其具有较好的鲁棒性。这是由于在所训练的每个随机森林中，都有大量的CART，它们通过自助采样法生成不同的训练集，增加了训练样本的多样性，进而增强了整个模型的鲁棒性。

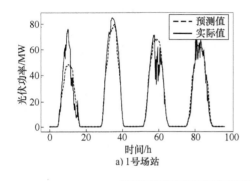
a) 1号场站

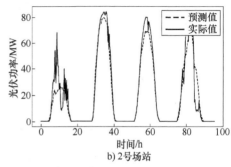
b) 2号场站

图6.3　EABRF模型的光伏场站功率预测结果

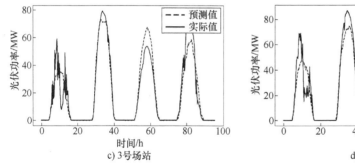
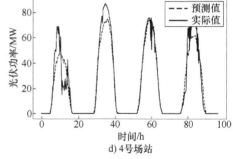

图 6.3　EABRF 模型的光伏场站功率预测结果（续）

6.2　概率预测组合模型

6.2.1　概述

典型的新能源功率概率预测方法多为单一预测方法，通常根据数据从多种假设模型中选择一种作为最优预测模型。然而，任何单一预测方法均有其固有的局限性，且只适用于部分场站，目前还没有一种预测方法可以适用于所有场站。因此，所选择的单一预测模型对现有数据来说不一定是最优模型，其他合理的模型也可针对样本数据给出不同的预测结果，这些合理的模型就是预测结果不确定性的来源。并且，应用以上典型方法，认为单一模型是最好的，正是忽略了这种预测不确定性的来源。而组合预测方法能够综合多种相同预测水平的单一方法的优势，得到不同情况下各种单项预测方法优势互补的预测模型，从而降低单个预测模型受到的随机因素影响，提高预测的准确性。

本节提出一种新能源功率组合概率预测方法，将贝叶斯模型平均（Bayes Model Average，BMA）方法扩展为组合多种符合不同分布的单项概率密度函数预测模型（包括稀疏贝叶斯模型、核密度估计模型、经验方法得到的 Weibull 函数、Gaussian 函数拟合模型），进而得到新的功率概率密度函数，并以概率预测评价指标连续排名得分 CRPS 最小作为目标函数，对模型参数进行优化，以进一步提高预测精度。本方法可利用多种单项预测方法的优势，克服传统组合预测中仅对单值预测结果进行组合以及传统 BMA 模型中单项模型均采用相同分布的缺点，得到一种可以综合多种概率预测结果的概率密度预测非参数方法。

6.2.2　扩展 BMA 模型原理

BMA 是一种组合不同来源的预测分布结果的方法。传统 BMA 得到的组合

PDF，是以后验概率作为模型权重，将所采用的各单项概率预测模型进行加权平均。这些权重可反映每个单项预测模型对组合预测结果的相对贡献，也可以在有大量单项预测模型的情况下作为选择较优单项模型的依据。

基于训练数据 y^T，根据 BMA 模型，由 K 个概率模型 $M_1, M_2, \cdots, M_K$ 组合得到的目标量 y 的概率密度函数描述如下：

$$p(y \mid M_1, M_2, \cdots, M_K) = \sum_{k=1}^{K} p(y \mid M_k) p(M_k \mid y^T) = \sum_{k=1}^{K} p(y \mid M_k) w_k \qquad (6.12)$$

式中，$p(M_k \mid y^T)$ 为由训练数据 y^T 得到的模型 M_k 为正确的拟合模型的后验概率，可作为模型 M_k 在组合模型中的权重系数，用来反映模型对训练数据的拟合程度；$p(y \mid M_k)$ 是由第 k 个模型 M_k 单独预测得到的目标值 y 的条件概率密度函数。

与传统 BMA 相似，本节将多种单项预测模型进行加权平均实现组合预测。不同的是，本节采用不同的单项模型进行功率概率密度函数预测，且所用单项模型概率密度函数符合不同分布，形成进一步扩展 BMA 方法以对符合不同分布的单项模型进行组合。组合概率预测方法的步骤为：

1）对样本数据进行滤波、坐标转换以及归一化，并将数据分为训练集、测试集和验证集三个样本集。

2）利用训练集数据对各单项概率预测模型进行训练。

3）将训练好的各单项概率预测模型进行加权组合，得到扩展 BMA 组合概率预测模型。

4）利用测试集数据对扩展 BMA 模型进行训练，初步求解得到模型的权重参数。

5）对参数进一步进行优化，即以概率预测指标 CRPS 为目标函数，采用粒子群优化（Particle Swarm Optimization，PSO）方法对参数进行优化，最终得到扩展 BMA 预测模型。

6）利用验证集样本，给定扩展 BMA 模型新的模型输入，预测得到相应的功率组合概率密度函数。

6.2.3　组合非参数概率预测——以风电为例

1. 单项概率预测模型

在现有的新能源功率预测方法中，直接对目标时段功率概率密度函数进行预测的方法并不多，因此该方法中单项预测模型的选取是一个难点。本文选用近年来研究较多、预测效果较好且计算相对简单的稀疏贝叶斯（Sparse Bayesian Learning，SBL）模型和核密度估计（Kernel Density Estimation，KDE）模型。这两种方法均以目标时段的数值天气预报（Numerical Weather Prediction，NWP）数据作为输入，对目标时段的功率概率密度函数直接进行预测。此外为了达到组合预测的效果，借鉴 Raftery 的方法，将支持向量机和线性回归预测得到的风电单值预测结果假设为符合 Weibull 分布和 Gaussian 分布，应用经验方法统计得到所假设各分布的形状参数。

如上文所述，针对风电功率概率预测，本节选用的单项概率预测模型包括稀疏贝叶斯模型得到的 Gaussian（高斯）分布函数、核密度估计模型的概率分布函数、经验法扩展得到的 Weibull（威布尔）分布函数和 Gaussian 分布函数这四种概率分布函数。其中稀疏贝叶斯模型、核密度估计模型原理在第 5 章中已详细阐述，Gaussian 分布和 Weibull 分布单项预测模型原理如下：

（1）Gaussian 分布单项预测模型原理

假设风电功率符合均值为 μ_3、方差为 σ_3^2 的 Gaussian 分布，则其概率密度函数可表示为

$$p(y \mid M_3) = \frac{1}{\sqrt{2\pi}\,\sigma_3} \exp\left(-\frac{(y-\mu_3)^2}{2\sigma_3^2}\right) \tag{6.13}$$

为了将模型描述为时变预测模型，此处借鉴 BMA 方法，假设均值 μ_3 是输入变量 x 的线性函数，即

$$\mu_3 = a_0 + a_1 x_1 + \cdots + a_d x_d \tag{6.14}$$

采用线性回归方法，由训练数据得到线性回归模型的各系数，给定一个新的输入 x，即可得到对应的风电功率均值。采用经验法，对训练数据中的风电功率历史数据进行回归，可得到 Gaussian 分布的方差值 σ_3^2。得到 Gaussian 分布的均值和方差之后即得到了 Gaussian 分布单项预测模型。

（2）Weibull 分布单项预测模型原理

假设风电功率符合 Weibull 分布，则其概率密度函数可表示为

$$p(y \mid M_4) = p(y; \lambda_4, k_4) = \begin{cases} \frac{k_4}{\lambda_4}\left(\frac{y}{\lambda_4}\right)^{k_4-1} e^{-(y/\lambda)^{k_4}} & y \geq 0 \\ 0 & y < 0 \end{cases} \tag{6.15}$$

式中，$\lambda_4 > 0$ 为比例参数；$k_4 > 0$ 为形状参数。其均值可表示为

$$\mu_4 = \lambda_4 \Gamma\left(1 + \frac{1}{k_4}\right) \tag{6.16}$$

同样借鉴 BMA 的思路，分别对均值和形状参数进行求解。此处，依然为了保持模型的时变性，采用 SVM 方法对 Weibull 分布的均值进行预测。首先利用训练集数据对 SVM 模型参数进行训练，然后给定新的输入，即得到对应的风电功率均值 μ_4。采用经验法，对训练数据中的风电功率历史数据进行回归，可得到 Weibull 分布的形状参数 k。根据式（6.16）可得 Weibull 分布的另一参数 λ。得到 Weibull 分布的比例参数和形状参数之后即得到了单项 Weibull 分布预测模型。

2. 组合概率预测模型

利用训练集数据对以上四种单项预测模型进行训练，得到相应的模型参数，形成四种单项预测模型。将四种模型得到的概率密度函数代入式（6.12）进行加权组

合，得到组合概率密度函数，公式如下所示：

$$p(y \mid M_1, M_2, \cdots, M_K) = \sum_{k=1}^{K} p(y \mid M_k) w_k \tag{6.17}$$

对于 N 个独立的测试样本，目标值 y 的似然函数可表示为

$$L(y \mid w) = \sum_{n=1}^{N} \log\left(\sum_{k=1}^{K} w_k p(y_n \mid M_k) \right) \tag{6.18}$$

式中，$w = [w_1, w_2, \cdots, w_K]^T$。

对模型的权重参数求解分为两个步骤，即初步求解和进一步优化。

（1）初步求解

1977 年，Dempster、Laird、Rubin 提出了最大期望（Expectation Maximization，EM）算法，用于求解参数的极大似然估计。EM 是一种迭代算法，由于简单实用得到了广泛应用。因此，本节采用 EM 算法对模型的权重参数 w 进行初步求解。EM 算法主要分为两个步骤：Expectation（E 步）和 Maximization（M 步）。应用 EM 算法求解参数的具体流程如下：

1）初始化权重参数 $w^0 = [w_1^0, w_2^0, \cdots, w_K^0]^T$；

2）E 步，即计算第 j 次迭代的期望值，公式如下所示：

$$\hat{z}_{k,n}^{(j)} = \frac{w_k p(y_n \mid M_k)}{\sum_{i=1}^{K} w_i p(y_n \mid M_i)} \tag{6.19}$$

3）M 步，即计算第 j 次迭代的参数期望估计值，以保证数据的似然性最大，公式如下所示：

$$w_k^j = \frac{1}{N} \sum_{m=1}^{M} \hat{z}_{k,m}^{(j)} \tag{6.20}$$

4）迭代步骤 2）、3），直至收敛，即 $|w_k^j - w_k^{j-1}| \leqslant 10^{-5}$。

（2）参数进一步优化

以 CRPS 为优化目标构建下述优化问题，并采用 PSO 算法以进一步优化权重参数：

$$\min C_{\text{CRPS}} = \frac{1}{T} \sum_{t=1}^{T} C_{\text{CRPS}}(t)$$

$$\text{s. t.} \begin{cases} w_k - \alpha \leqslant w_k \leqslant w_k + \alpha \\ \sum_{k=1}^{K} w_k = 1 \end{cases} \tag{6.21}$$

式中，权重参数范围定为以极大似然估计结果为中心的小范围区间，α 取值为 0.05。具体寻优步骤如下：

1）对粒子的速度和未知参数进行初始化，此处的粒子指所求权重参数，取 EM 算法求得的结果作为初始化值。

2）产生初始种群。

3）对种群中每个粒子的适应度，即概率指标 CRPS 进行计算。

4）求出种群中每个粒子的个体最优。

5）更新粒子的速度和位置。

6）计算更新后的个体适应度，判断是否为最优，或者迭代次数是否达到上限，达到则输出最优参数值结束迭代，否则重复执行步骤 4）~6）。

6.2.4 算例分析——以风电功率预测为例

以风电功率预测为例，本节采用 GEFCOM 2014 的 10 个风电场数据对所提出的组合预测方法进行验证，对未来 24h 的风电功率采用逐时段预测，每个时段均采用距预测目标时段最近的两个月数据作为训练样本，用下一个月的数据对模型预测效果进行验证。比如前瞻 1h 预测采用的训练数据时间跨度为 2012 年 2 月 1 日 1:00 到 2012 年 3 月 31 日 24:00，验证数据时间跨度为 2012 年 4 月 1 日 1:00 到 2012 年 4 月 30 日 24:00。预测模型的输入数据为目标时段的 10m 和 100m 风速及风向数据，以及距离预测目标时段最近 3 个时刻的风电功率数据。

以传统 BMA 方法以及所采用的各单项预测方法为基准方法，与本节所提组合概率密度预测方法进行对比，并对本节所提方法的单值预测精度以及概率预测精度进行分析，以证明该方法的有效性。此处传统 BMA 方法指用 SBL、核密度估计、线性回归和支持向量机分别求解单值预测值，再将其假设为均值符合线性函数、方差均为 σ^2 的正态分布进行组合。

采用归一化平均绝对误差（Normalized Mean Absolute Error，NMAE）作为单值预测结果的评价指标，10 个风电场的 24h 的 NMAE 指标值如图 6.4 所示。由图可知，单值预测效果随着预测时段的增加而变化，且 10 个风电场的单值预测效果相似，表明了本节所提方法的普适性。多方法求解的 10 个风电场 24h 的平均 NMAE 指标值对比见表 6.3。由表可知，相较传统 BMA 模型和各单项预测模型，本节所提方法的单值预测效果更好。

表 6.3　多方法求解的 10 个风电场 24h 的平均 NMAE 指标值对比　　　　（%）

方法		风电场									
		1	2	3	4	5	6	7	8	9	10
组合	BMA	11.57	10.79	11.03	10.94	11.30	12.51	8.33	9.49	12.84	14.66
单项	SBL	11.81	10.97	11.13	11.10	11.44	12.68	8.43	9.94	12.92	14.84
	Kernel	12.96	11.79	12.70	11.52	12.42	13.47	8.87	9.90	14.80	15.86
	SVM	11.63	11.48	11.60	11.69	11.46	12.90	8.91	9.58	14.23	14.90
	LR	12.04	11.16	12.27	12.85	12.02	13.59	8.93	10.0	13.97	14.72
本节所提方法		11.20	10.61	10.88	10.78	11.18	12.40	8.18	9.43	12.82	14.46

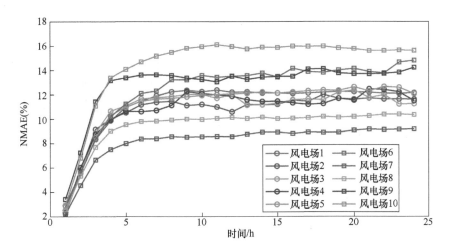

图 6.4 10 个风电场 24h 的 NMAE 指标值

图 6.5 直观展示了前瞻 24h（2012 年 2 月 17 日）的预测风电功率概率密度曲线以及真实值。从图中可看出，预测得到的风电功率概率密度曲线是非参数且时变的。图 6.6 分别展示了其中 1:00、5:00、9:00、13:00、17:00、21:00 的预测概率密度曲线和置信水平为 80% 的预测区间。由图可看出，真实值均落在预测结果的 80% 置信区间内，并且可以直观看出组合概率密度曲线综合了所有单项预测结果的敏锐度和单值预测准确度优势，概率密度曲线随着时间变化做出相应的调整，以达到最优。图 6.7 展示了前瞻 24h 的 10%~90% 预测置信区间，可以看到，预测区间随着时间的变化而变化，且真实值大多数落到了 80% 置信区间内，表明本方法有较高的区间预测准确度。

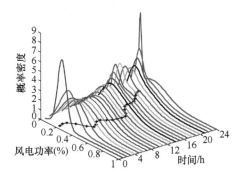

图 6.5 前瞻 24h 的预测风电功率概率密度曲线与真实值（多条曲线：预测概率密度；带星号曲线：真实值）

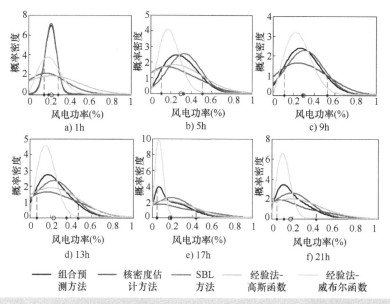

a) 1h b) 5h c) 9h

d) 13h e) 17h f) 21h

— 组合预 — 核密度估 — SBL — 经验法- — 经验法-
   测方法   计方法   方法   高斯函数   威布尔函数

图 6.6   1:00、5:00、9:00、13:00、17:00、21:00 的风电功率预测概率密度与真实值
（红色星号：真实值；黑色圈：预测值；黑色虚线：80%预测置信区间的上／下限）（见彩插）

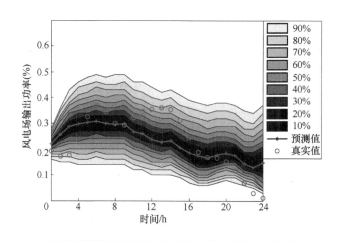

图 6.7   前瞻 24h 风电功率预测区间与真实值

6.3   本章小结

本章针对单一模型预测泛化能力较弱的局限性，重点研究组合预测模型，以提升预测结果的鲁棒性和精准度。针对功率单值预测，提出了一种基于集成自适应增强随机森林的组合方法，利用集成学习的思想，将随机森林和自适应增强算法有机地结合起来，有效地降低了过拟合的风险，以光伏功率预测为例进行实验分析，结果表明此方法明显提升了单值预测精度。针对功率概率预测，提出了一种基于扩展贝叶斯模型平均原理的组合非参数概率预测方法，实现了多种不同分布概率预测结果的加权组合，以风电为例的预测实验结果表明，所提模型相比单项概率预测模型，在期望功率单值预测以及概率分布预测性能上均有一定程度提升。

Chapter 7
第7章

风光新能源发电爬坡
事件预测

7.1 风电爬坡事件预测

7.1.1 概述

我国风能资源地域分布不均衡,主要分布在"三北"地区、东南沿海及其岛屿。同时,我国并网风电具有大规模、高集中度的特点,一定空间范围内的风电出力波动趋势呈现出强相关性,容易出现短时间内风电出力大幅度波动的现象,即风电爬坡事件(Wind Power Ramp Events,WPRE)。研究表明,强对流、低空急流、雷暴等极端气象极易引发风速激增,导致风电输出功率短时间内陡增,即发生风电上爬坡事件;而气压梯度急速下降,或是风速持续高过切出风速使得机组为了保证安全停止运行,将导致风电输出功率陡降,即发生风电下爬坡事件。当大规模风电接入区域电网时,若风电功率波动的幅度过大或速率过大时,一旦超出系统内备用容量或备用调节速率的承受范围,将直接导致区域电网的发用电功率不平衡,引发系统频率越限、电能质量恶化,甚至导致切负荷和大面积停电,严重威胁电网的安全经济运行。在上述背景下,实现风电爬坡事件的精确量化与准确预警具有这些重要意义:①提高风电功率预测的精度,辅助调度部门优化常规机组出力,合理配置系统备用,进一步降低电网的运行成本;②辅助制定控制决策方案,以减缓爬坡时段剧烈波动的风电功率给电网带来的冲击,增强系统运行的安全稳定性;③增强电网对风电的消纳能力,提升风能这一清洁能源的经济效益与环境效益。

然而,风电爬坡事件相对罕见,基于有限的爬坡事件观测样本难以悉数掌握爬坡事件的发生与周围气象环境之间的映射关系,难以准确获取在给定气象背景下风电爬坡事件发生的精确条件概率。与单值概率估计相比,对风电爬坡事件发生的条件性区间概率进行估计，能够有效量化基于有限样本统计的不确定性，为电力系统运行提供更为全面的参考信息与决策依据。因此，本节提出了一种基于朴素贝叶斯网络（Naive Bayesian Network，NBN）的风电爬坡事件条件性区间概率分布估计方法，根据目标时段预测的气象环境条件，对风电爬坡事件各状态发生概率的区间范围进行估计。方法依据所提取的影响风电爬坡的关键气象环境要素，搭建朴素贝叶斯网络结构，并使用拓展后的非精确狄利克雷模型（Imprecise Dirichlet Model，IDM）对观测样本数据进行统计分析，以条件性区间概率的形式量化各气象要素与爬坡事件之间的条件相依关系，进而采用朴素贝叶斯网络的概率推断算法，在给定气象环境要素的条件下，估算得到风电爬坡事件的条件性区间概率分布。

7.1.2　风电爬坡事件定义

风电爬坡事件通常可由五个特征量描述：①爬坡幅值 ΔPr，表征风电功率在观测时段内的变化量；②爬坡方向，若观测时段末端功率高于首端功率则为上爬坡，反之为下爬坡；③爬坡持续时间 Δt，即风电功率大幅波动的持续时间；④爬坡率 $\Delta Pr/\Delta t$，即爬坡持续时段内风电功率的变化速率；⑤爬坡时刻 t_0，可定义为爬坡事件起始时刻或爬坡持续时段的中间时刻。

基于上述爬坡特征量，风电爬坡事件的定义有以下四种常用形式：

定义一：若在观测时段 $[t, t+\Delta t]$ 内，风电功率的初始时刻观测值和末端时刻观测值之差的绝对值大于设定阈值，则判定在此观测时段内发生了风电爬坡事件。其判别式为

$$|P(t+\Delta t)-P(t)|>P_\varepsilon \tag{7.1}$$

式中，$P(t)$ 是 t 时刻观测的风电功率；$P(t+\Delta t)$ 是 $t+\Delta t$ 时刻观测的风电功率；P_ε 是设定的功率阈值。

定义二：若在观测时段 $[t, t+\Delta t]$ 内，风电功率的最大观测值和最小观测值之差大于设定的阈值，则发生了风电爬坡事件。其判别式为

$$\max(P[t, t+\Delta t])-\min(P[t, t+\Delta t])>P_\varepsilon \tag{7.2}$$

式中，$\max(P[t, t+\Delta t])$ 是最大观测功率；$\min(P[t, t+\Delta t])$ 是最小观测功率。

定义三：若在观测时段 $[t, t+\Delta t]$ 内，初始时刻观测功率和末端时刻观测功率之差的绝对值，与观测时长 Δt 的比值大于设定的阈值，则发生了风电爬坡事件。其判别式为

$$\frac{|P(t+\Delta t)-P(t)|}{\Delta t}>P_\varepsilon \tag{7.3}$$

以上三种爬坡事件定义均是直接基于观测功率序列，比较观测时段内功率变化情况与设定阈值的相对大小来判定有无风电爬坡事件发生。此外，为避免功率的秒级快速波动，以及量测噪声对爬坡事件识别精度的干扰，也可利用差分的思想，先对风电功率进行低通滤波的预处理。设 $\{P_t\}$ 为风电功率时间序列，则相应的滤波

信号 P_t^f 可由下式得到：

$$P_t^f = \text{mean}(P_{t+h} - P_{t+h-n}), \quad h = 1, 2, \cdots, n \tag{7.4}$$

式中，h 是所设定的平均差分估计量，即滤波信号中时间窗的窗宽；n 是该时间窗的最大取值；$\text{mean}(\cdot)$ 是求取该时间窗内的平均值。

定义四：当风电功率滤波信号 P_t^f 的绝对值大于设定阈值时，判定发生了风电爬坡事件。其判别式为

$$|P_t^f| > P_\varepsilon \tag{7.5}$$

在上述四种定义爬坡事件的判别式中，阈值 P_ε 可为具体兆瓦数值或风电场装机容量的一定百分比，观测时长 Δt 一般根据应用情景在 10min~4h 内取值。当前研究并没有就 P_ε 及 Δt 的设定方法达成共识，大多数情况是根据风电场装机容量以及所在电网的运行环境合理选取。

上述四种爬坡事件的定义方式存在显著差异，其优缺点见表 7.1。

表 7.1　四种风电爬坡事件定义方式的优缺点

定义	优点	缺点
一	判别简单，可区分爬坡方向	忽略时段内功率变化过程，或导致漏报
二	考虑时段内功率变化过程，漏报率低	不能直接区分爬坡方向
三	可体现爬坡率、区分爬坡方向	忽略时段内功率变化过程，或导致漏报
四	可剔除噪声影响，漏报率低	不能直接区分爬坡方向

图 7.1 所示为某风电场记录的 5 天内发生的两起爬坡事件，图中横轴为时间，纵轴为归一化的风电功率观测值（P_R 为该风电场装机容量）。基于前述四种定义中的五项特征量，对两起爬坡事件的描述如下：该风电场于 1 月 24 日 20 时起经历了一次持续 4h 的风电上爬坡事件（图中左侧斜线标识的功率变化过程），该过程中风电场出力增长了 $91\%P_R$，爬坡速率为 $22.75\%P_R/\text{h}$；于 1 月 27 日 0 时起又经历了一次持续 3h 的风电下爬坡事件（图中右侧斜线标识的功率变化过程），该过程中风电场出力减少了 $74\%P_R$，爬坡速率为 $-24.67\%P_R/\text{h}$。

在本节研究中，考虑到爬坡过程中风电出力反方向变化的可能性，使用上述第二种定义形式定义风电爬坡事件，即若风电功率最大观测值与最小观测值之差大于设定阈值，则认为发生了爬坡事件。阈值的合理选取是决定这类定义方式识别精度的关键，一般而言，在应用中通常直接将阈值设定为具体兆瓦数值或是风电场装机容量的一定占比，但由于风电场所接入的系统具有不同的结构及要求，相关研究在具体数值设定上存在较大差异（10%~75% 装机容量）。为使得本节所提出的风电爬坡事件概率估计方法更具实用性，应结合目标风电场所接入的区域电网结构特征合理设定爬坡事件定义中的阈值。在仅采用一次调频的系统有功平衡控制手段时，区域电网可承受的风电功率波动（表示为 ΔP_w）可依据下式计算：

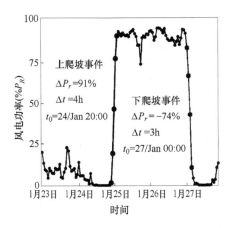

图 7.1　某风电场记录的两起风电爬坡事件

$$- \sum_{i=1}^{N_G} \frac{1}{R_i} \Delta f \frac{P_{GiN}}{f_N} + \Delta P_w = \Delta P_D + D \Delta f \frac{P_{DN}}{f_N} \tag{7.6}$$

式中，N_G 为区域电网内常规机组的总台数；P_{GiN} 为常规机组 i 的装机容量；R_i 为常规机组 i 的调差率；Δf 为区域电网所允许的静态频率偏差；f_N 为系统额定频率（一般取为 50Hz）；P_{DN} 为区域电网内系统的总负荷容量；ΔP_D 为目标时刻的负荷功率变化量的预测值；D 为负荷阻尼系数（典型值为 1）。

根据区间运算法则，在仅采用一次调频手段时区域电网可承受的风电爬坡幅度范围计算公式为：

$$\begin{cases} \Delta \underline{P}_w = \Delta \underline{P}_D + \Delta f_{\min} \left(\sum_{i=1}^{N_G} \frac{1}{R_i} \frac{P_{GiN}}{f_N} + D \frac{P_{DN}}{f_N} \right) \\ \Delta \overline{P}_w = \Delta \overline{P}_D + \Delta f_{\max} \left(\sum_{i=1}^{N_G} \frac{1}{R_i} \frac{P_{GiN}}{f_N} + D \frac{P_{DN}}{f_N} \right) \end{cases} \tag{7.7}$$

由此，依照式（7.2）的定义方式，本节研究的风电爬坡具有表 7.2 所列的三种状态。

表 7.2　定义爬坡事件的状态

判别式成立	爬坡状态
$P_{t\_\max} - P_{t\_\min} > \Delta \overline{P}_w$ 且 $t\_\max > t\_\min$	上爬坡
$P_{t\_\min} - P_{t\_\max} < \Delta \underline{P}_w$ 且 $t\_\min > t\_\max$	下爬坡
其他	不爬坡

在表 7.2 中，$t\_\max$ 与 $t\_\min$ 分别表示在时长为 ΔT 的观测时段内，风电功率量测最大值与最小值所在的时刻，$P_{t\_\max}$ 与 $P_{t\_\min}$ 分别表示在此时间区间内风电功率的

量测最大值与最小值。

7.1.3 基于朴素贝叶斯网络的爬坡事件概率预测模型

1. 确定朴素贝叶斯网络结构

朴素贝叶斯网络是当前最常使用的分类器之一，其特点在于默认每个证据变量之间相互独立。虽然在故障诊断、模糊识别等实际应用中，各个证据变量之间并不完全是相互独立的，但是大量研究表明，即使分类问题的观测证据之间不能满足独立性的假设，朴素贝叶斯网络仍展现了较为优异的分类性能，其推断结果具有鲁棒性与高效性。

风电爬坡事件的发生受极端气象过程影响显著，因此，本书选择场站风速量测值、风向量测值、温度量测值、湿度量测值作为反映风电出力气象情景的关键信息要素。一般而言，风电场所处环境的气压观测值也可影响风电出力，但从历史观测样本中来看，风电场的气压量测值精度较差，难以满足应用要求，且一段时间内的气压波动可明显作用于风速量测值的变化，故本书使用由下式计算的风速最大波动量反映目标风电场的气压环境：

$$V_t = \begin{cases} S_{t\_max} - S_{t\_min} & t\_max \geq t\_min \\ S_{t\_min} - S_{t\_max} & t\_max < t\_min \end{cases} \tag{7.8}$$

式中，t_max 与 t_min 分别是风速量测取最大值与最小值的时刻，S_{t_max} 与 S_{t_min} 分别是观测到的风速最大值与最小值。

由此，将上述显著影响风电爬坡事件发生的气象信息要素作为贝叶斯网络的节点证据变量，构建如图 7.2 所示的朴素贝叶斯网络结构。

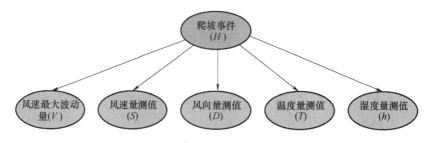

图 7.2 根据气象信息要素作为变量构建的朴素贝叶斯网络结构

2. 拓展非精确狄利克雷模型

爬坡事件与多种气象因素相关，在某些特殊气象条件下，历史上发生的次数并不多，因此在进行爬坡事件与气象条件关联性估计时存在可用样本不足的情况，导致难以获得精确的单值概率统计结果。要实现对于这类分布数据的客观统计推理，相较于对样本容量要求较高的中心极限定理，非精确狄利克雷模型（IDM）通过采用先验概率密度函数集合，可得到小样本条件下的非精确概率，已成功用于输电线路故障诊断、机组组合优化等场景。

IDM 是确定性 Dirichlet 模型的扩展。设服从多项式分布的随机变量具有 n 种可能出现的状态，其各状态发生的概率以 $\boldsymbol{\theta} = (\theta_1, \theta_2, \cdots, \theta_n)$ 表示。确定性 Dirichlet 模型借助贝叶斯统计原理，设未知参数 $\boldsymbol{\theta}$ 为随机变量，采用 Dirichlet 分布作为其先验概率密度函数。进而，在获取到样本观测值 $\boldsymbol{M}$ 的条件下，经贝叶斯过程更新形成后验 Dirichlet 概率密度函数，如下式所示：

$$f(\boldsymbol{\theta} \mid \boldsymbol{M}) = \Gamma(s + M) \left[\prod_{i=1}^{n} \Gamma(sr_i + m_i) \right]^{-1} \prod_{i=1}^{n} \theta_i^{m_i + sr_i - 1} \tag{7.9}$$

式中，$\Gamma(\cdot)$ 表示 Gamma 函数；r_i 为超参数，满足 $0 \leqslant r_i \leqslant 1$ 及和为 1 的约束，代表 θ_i 的均值；s 为设定参数，表征为对新信息的慎重程度，通常在 $[1, 2]$ 之间取值；$\boldsymbol{M} = (m_1, m_2, \cdots, m_n)$ 为样本观测值；m_i 表示随机变量状态 i 的出现次数，$M = m_1 + m_2 + \cdots + m_n$ 为样本总数。然而，确定性 Dirichlet 概率估计方法对小样本事件的估计存在受先验分布影响显著的弊端，当先验信息设置不合理时，易得到不可靠的估计结果。

为了避免这一弊端的出现，IDM 采用先验概率密度函数的集合而非单一概率密度函数来进行估计，该集合由给定 s 条件下所有的 Dirichlet 分布构成，即在固定 s 值后，使 r 遍历整个 $[0, 1]$ 区间。进而，可以根据贝叶斯原理，将 $\boldsymbol{\theta}$ 的先验概率密度函数集合更新为后验概率密度函数集合，从而，获得概率 $\boldsymbol{\theta}$ 的取值区间，如下式所示：

$$\theta_i \in \left[\underline{E}(\theta_i), \overline{E}(\theta_i) \right] = \left[\frac{m_i}{M+s}, \frac{m_i + s}{M+s} \right] \tag{7.10}$$

由此，可以根据小样本数据，方便地估计得到给定条件下随机变量状态出现的概率区间。可以看见，IDM 消除了在小样本条件下，先验设置不合理对事件发生概率估计的不利影响。显然，式（7.10）符合非精确概率的表达形式，即下式：

$$P_{\text{im}}(A) = \left[\underline{P}(A), \overline{P}(A) \right] \subseteq [0, 1] \tag{7.11}$$

式中，$P_{\text{im}}(A)$ 为事件 A 发生的非精确概率；$\underline{P}(A)$ 为非精确概率下界；$\overline{P}(A)$ 为非精确概率上界。显然，$\underline{P}(A)$ 与 $\overline{P}(A)$ 满足 $0 \leqslant \underline{P}(A) \leqslant \overline{P}(A) \leqslant 1$ 约束。

可以看出，对于式（7.11）所示的非精确概率，若 $\underline{P}(A) = \overline{P}(A)$，则非精确概率将退化为精确的单值概率，这说明事件发生的概率将是精确的。另一方面，若 $\underline{P}(A) = 0$，$\overline{P}(A) = 1$，则代表该概率可能为 $[0, 1]$ 区间内的任意值，说明事件可用历史信息缺乏，通过现有信息难以给出有价值的概率统计结果。由此可见，非精确概率对各类气象因素下爬坡事件发生的可能性具有更加全面、灵活的表达能力。

3. 基于朴素贝叶斯网络的爬坡事件区间概率推断

基于概率论的相关知识，在气象证据 $E_l = \{V_y, S_r, D_q, T_k, h_d\}$ 的条件下对爬坡事件各状态 H_w，$w = 1,2,3$ 的区间概率分布估计可表示为 $P_{im}(H_w | V_y, S_r, D_q, T_k, h_d)$。依据图 7.2 所示的朴素贝叶斯网络结构，根据贝叶斯法则，待估计的爬坡事件条件概率分布表达式可改写为

$$P_{im}(H_w | V_y, S_r, D_q, T_k, h_d) = \frac{P_{im}(H_w) P_{im}(V_y, S_r, D_q, T_k, h_d | H_w)}{\sum\limits_{w=1}^{3} P_{im}(H_w) P_{im}(V_y, S_r, D_q, T_k, h_d | H_w)} \quad (7.12)$$

由于在朴素贝叶斯网络中，默认证据变量之间相互独立，根据链式法则式 (7.12) 可进一步拆分为

$$\begin{aligned} &P_{im}(H_w | V_y, S_r, D_q, T_k, h_d) \\ =& \frac{P_{im}(H_w) P_{im}(V_y | H_w) P_{im}(S_r | H_w) P_{im}(D_q | H_w) P_{im}(T_k | H_w) P_{im}(h_d | H_w)}{\sum\limits_{w=1}^{3} P_{im}(H_w) P_{im}(V_y | H_w) P_{im}(S_r | H_w) P_{im}(D_q | H_w) P_{im}(T_k | H_w) P_{im}(h_d | H_w)} \end{aligned} \quad (7.13)$$

因此，要实现给定气象证据条件下爬坡事件概率分布的非精确估计，需要获取爬坡事件各状态的先验分布信息，以及爬坡事件与各种气象证据变量之间的区间概率形式的条件相依性关系。对于爬坡事件的先验区间概率分布 $P_{im}(H_w)$，$w = 1,2,3$ 的估计，由于训练集观测样本的总容量相对充足，根据大数定律，爬坡各状态出现的区间概率可近似由其经验概率 $P(H_w)$ 代替，即通过对历史观测样本集进行统计分析，获取样本总容量以及各状态的发生频数，从而计算各个爬坡状态发生的统计频率以量化各爬坡状态发生的先验概率。对于爬坡事件与各种气象证据变量之间区间概率形式的条件相依性关系，则通过朴素贝叶斯网络中各证据节点变量处的非精确条件概率表来反映。以证据节点风速最大波动量 (V) 处的非精确条件概率表为例，由于该证据变量仅有一个父节点，即爬坡事件 (H)，故非精确条件概率表内的各项条件性区间概率 $P_{im}(V_y | H_w)$ 可由拓展的非精确狄利克雷 (Dirichlet) 模型估算：

$$\begin{cases} P_{im}(V_y | H_w) = [\underline{P}(V_y | H_w), \overline{P}(V_y | H_w)] \\ \underline{P}(V_y | H_w) = \dfrac{m(V_y, H_w)}{m(H_w) + u \cdot \log(m(H_w))} \\ \overline{P}(V_y | H_w) = \dfrac{m(V_y, H_w) + u \cdot \log(m(H_w))}{m(H_w) + u \cdot \log(m(H_w))} \end{cases} \quad (7.14)$$

式中，$m(H_w)$ 是历史观测样本集中爬坡状态 H_w 出现的频数；$m(V_y, H_w)$ 是历史观测样本集中爬坡状态 H_w 与风速最大波动量状态 V_y 同时出现的频数；u 是模型待优化的外生参数。

由此，在获取爬坡事件的先验概率分布并依据拓展非精确狄利克雷模型估算得到各证据节点处的非精确条件概率表后，待估计的爬坡事件各状态发生的条件性区

间概率可由下式计算：

$$
\begin{cases}
P_{\mathrm{im}}(H_w|E_l) = \left[\underline{P}(H_w|E_l), \overline{P}(H_w|E_l)\right] \\[2mm]
\underline{P}(H_w|E_l) = \min \dfrac{P(H_w)P(V_y|H_w)P(S_r|H_w)P(D_q|H_w)P(T_k|H_w)P(h_d|H_w)}{\displaystyle\sum_{w=1}^{3} P(H_w)P(V_y|H_w)P(S_r|H_w)P(D_q|H_w)P(T_k|H_w)P(h_d|H_w)} \\[4mm]
\overline{P}(H_w|E_l) = \max \dfrac{P(H_w)P(V_y|H_w)P(S_r|H_w)P(D_q|H_w)P(T_k|H_w)P(h_d|H_w)}{\displaystyle\sum_{w=1}^{3} P(H_w)P(V_y|H_w)P(S_r|H_w)P(D_q|H_w)P(T_k|H_w)P(h_d|H_w)} \\[4mm]
P(V_y|H_w) \in \left[\underline{P}(V_y|H_w), \overline{P}(V_y|H_w)\right] \\[2mm]
P(S_r|H_w) \in \left[\underline{P}(S_r|H_w), \overline{P}(S_r|H_w)\right] \\[2mm]
P(D_q|H_w) \in \left[\underline{P}(D_q|H_w), \overline{P}(D_q|H_w)\right] \\[2mm]
P(T_k|H_w) \in \left[\underline{P}(T_k|H_w), \overline{P}(T_k|H_w)\right] \\[2mm]
P(h_d|H_w) \in \left[\underline{P}(h_d|H_w), \overline{P}(h_d|H_w)\right]
\end{cases}
\tag{7.15}
$$

图 7.3 示意了本节基于朴素贝叶斯网络与拓展非精确狄利克雷模型的风电爬坡事件条件性区间概率分布估计的四个关键步骤以及各步骤之间的联系。

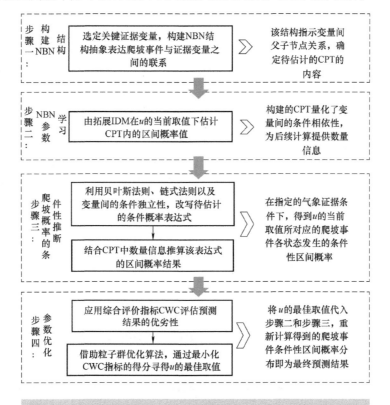

图 7.3　风电爬坡事件条件性区间概率分布估计的四个关键步骤

7.1.4 算例分析

1. 测试数据描述及变量离散化

本节选用宁夏回族自治区某风电场的实测数据对所提出模型的性能进行测试，通过与基于中心极限定理的统计模型估计结果对比，验证所提出方法的有效性。目标风电场的装机容量为 36MW，样本数据集的时间跨度为 2015 年 1 月 1 日至 2017 年 12 月 31 日。数据内容包括目标风电场的历史发电功率以及四种气象变量，即风速、风向、温度、湿度的历史量测值，时间分辨率为 15min。当应用于风电爬坡事件的条件概率分布估计时，朴素贝叶斯网络中的查询变量（即爬坡事件）是三个状态的离散变量，故本节所构建的网络模型属于离散贝叶斯网络，相应的证据变量也应具有离散的状态。等频离散化是无监督离散化方法的典型代表，因此，图 7.2 中的五项证据变量均通过近似的等频离散化实现由连续变量到离散变量的转换。为了限制算例规模，同时更清晰地展示模型结果，将网络中各节点变量的状态数均设置为 3，由此，本算例中所有可能出现的气象环境条件总共有 3^5 即 243 种。图 7.4 所示为五项气象证据变量的观测值分布情况。

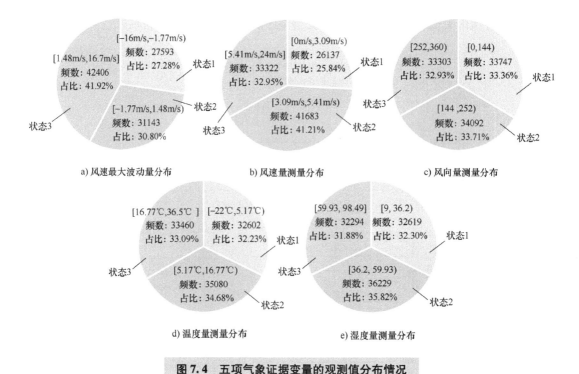

图 7.4 五项气象证据变量的观测值分布情况

接下来分析在一次调频的系统有功平衡控制手段下，目标风电场所接入区域电网可承受的风电功率波动区间。已知区域电网共配置了两组常规机组，装机总容量为 88MW，机组调差率均为 5%，总负荷容量约为 60MW，系统额定频率为 50Hz，在一次调频下 1h 内系统允许的频率偏差为 ±0.1Hz。此外，假设 1h 内的负荷功率变化量的预测值为总负荷容量的 4%。将上述结构信息带入式（7.7），负荷阻尼系数 D 取典型值 1，可得区域电网在 1h 的时间尺度内可承受的风电功率波动范围为 $[-5.2MW, 5.2MW]$。进而，本节算例所构建的朴素贝叶斯网络中各节点变量的状态可依照表 7.3 划分。

表 7.3 朴素贝叶斯网络中变量状态的划分

节点变量	状态 1	状态 2	状态 3
风速最大波动量 (V)/m·s^{-1}	V_1：$[-16, -1.77)$	V_2：$[-1.77, 1.48)$	V_3：$[1.48, 16.7)$
风速 S/m·s^{-1}	S_1：$[0, 3.09)$	S_2：$[3.09, 5.41)$	S_3：$[5.41, 24)$
风向 D/(°)	D_1：$[0, 144)$	D_2：$[144, 252)$	D_3：$[252, 360)$
温度 T/℃	T_1：$[-22, 5.17)$	T_2：$[5.17, 16.77)$	T_3：$[16.77, 36.5)$
湿度 h（%）	h_1：$[9, 36.2)$	h_2：$[36.2, 59.93)$	h_3：$[59.93, 98.49)$
爬坡事件 H（功率最大波动量）/MW	H_1：$[-5.2, 5.2)$（不爬坡）	H_2：$(5.2, 36)$（上爬坡）	H_3：$[-36, -5.2)$（下爬坡）

表 7.4 将观测样本数据集分割为训练集与验证集，其中训练集用来构建所提朴素贝叶斯网络预测模型，并完成对模型中参数 u 的寻优，验证集用来测试预测模型的有效性。

表 7.4 训练集与验证集的划分

数据集名称	时间跨度	样本容量
训练集	2015 年 1 月 1 日 0：00—2016 年 6 月 30 日 23：45	51189
验证集	2016 年 7 月 1 日 0：00—2017 年 12 月 31 日 23：45	49953

2. 基于拓展 IDM 的贝叶斯网络参数估计

在应用朴素贝叶斯网络估计风电爬坡事件区间概率分布的过程中，首先构建图 7.2 所示的朴素贝叶斯网络结构；其次使用拓展的非精确狄利克雷模型，在外生参数 u 的当前取值下对训练集样本数据进行统计，估计得到网络中各证据节点处的非精确条件概率表；继而采用朴素贝叶斯网络的概率推断算法，运用贝叶斯法则对爬坡事件概率分布的先验估计结果进行更新，得到指定气象条件下爬坡事件各状态发生的概率区间估计结果；接着使用综合评价指标 CWC，对区间概率分布估计结果进行优劣性的评估，以最小化 CWC 指标得分为目标迭代寻得外生参数 u 的最佳取值；最后将 u 的最佳取值带入拓展的非精确狄利克雷模型，重新估计各节点处的非精确条件概率表，并重新推断爬坡事件的条件性区间概率分布估计结果。

本算例设计了三种不同的置信水平（即置信水平 μ 分别取值 90%、75% 以及 60%）以体现本节所提出预测方法的普适性与灵活性。在三种置信水平下，由粒子群优化算法寻得的拓展 IDM 最佳外生参数 u 分别取值 65.7、49.9 以及 38.2。下面将以 75% 的置信水平设定为例展示所构建的朴素贝叶斯网络中各节点处非精确条件概率表的取值情况。表 7.5 所列为爬坡事件的先验概率分布估计。表 7.6~表 7.10 所列为对各证据变节点的非精确条件概率表的估计。

表 7.5　爬坡事件的先验概率分布估计

先验概率	估计值
$P(H_1)$	0.6851
$P(H_2)$	0.1584
$P(H_3)$	0.1565

表 7.6　对证据变量节点 V 处的非精确条件概率表的估计

条件性区间概率	区间范围	条件性区间概率	区间范围
$P_{im}(V_1 \mid H_1)$	$[0.2232, 0.2378]$	$P_{im}(V_2 \mid H_3)$	$[0.1221, 0.1752]$
$P_{im}(V_1 \mid H_2)$	$[0.1378, 0.1902]$	$P_{im}(V_3 \mid H_1)$	$[0.3899, 0.4045]$
$P_{im}(V_1 \mid H_3)$	$[0.6372, 0.6902]$	$P_{im}(V_3 \mid H_2)$	$[0.7437, 0.7962]$
$P_{im}(V_2 \mid H_1)$	$[0.3723, 0.3870]$	$P_{im}(V_3 \mid H_3)$	$[0.1876, 0.2407]$
$P_{im}(V_2 \mid H_2)$	$[0.0660, 0.1185]$		

表 7.7　对证据变量节点 S 处的非精确条件概率表的估计

条件性区间概率	区间范围	条件性区间概率	区间范围
$P_{im}(S_1 \mid H_1)$	$[0.2571, 0.2717]$	$P_{im}(S_2 \mid H_3)$	$[0.2494, 0.3024]$
$P_{im}(S_1 \mid H_2)$	$[0.1854, 0.2379]$	$P_{im}(S_3 \mid H_1)$	$[0.2744, 0.2890]$
$P_{im}(S_1 \mid H_3)$	$[0.0436, 0.0967]$	$P_{im}(S_3 \mid H_2)$	$[0.4113, 0.4638]$
$P_{im}(S_2 \mid H_1)$	$[0.4539, 0.4686]$	$P_{im}(S_3 \mid H_3)$	$[0.6540, 0.7070]$
$P_{im}(S_2 \mid H_2)$	$[0.3508, 0.4033]$		

表 7.8　对证据变量节点 D 处的非精确条件概率表的估计

条件性区间概率	区间范围	条件性区间概率	区间范围
$P_{im}(D_1 \mid H_1)$	$[0.3312, 0.3459]$	$P_{im}(D_2 \mid H_3)$	$[0.2740, 0.3270]$
$P_{im}(D_1 \mid H_2)$	$[0.2822, 0.3347]$	$P_{im}(D_3 \mid H_1)$	$[0.3203, 0.3350]$
$P_{im}(D_1 \mid H_3)$	$[0.2710, 0.3240]$	$P_{im}(D_3 \mid H_2)$	$[0.3777, 0.4301]$
$P_{im}(D_2 \mid H_1)$	$[0.3338, 0.3485]$	$P_{im}(D_3 \mid H_3)$	$[0.4020, 0.4550]$
$P_{im}(D_2 \mid H_2)$	$[0.2877, 0.3402]$		

表 7.9　对证据变量节点 T 处的非精确条件概率表的估计

条件性区间概率	区间范围	条件性区间概率	区间范围
$P_{im}(T_1 \mid H_1)$	$[0.3922, 0.4068]$	$P_{im}(T_2 \mid H_3)$	$[0.3306, 0.3836]$
$P_{im}(T_1 \mid H_2)$	$[0.2268, 0.2793]$	$P_{im}(T_3 \mid H_1)$	$[0.2596, 0.2742]$
$P_{im}(T_1 \mid H_3)$	$[0.2393, 0.2923]$	$P_{im}(T_3 \mid H_2)$	$[0.3916, 0.4440]$
$P_{im}(T_2 \mid H_1)$	$[0.3336, 0.3483]$	$P_{im}(T_3 \mid H_3)$	$[0.3771, 0.4301]$
$P_{im}(T_2 \mid H_2)$	$[0.3292, 0.3816]$		

表 7.10　对证据变量节点 h 处的非精确条件概率表的估计

条件性区间概率	区间范围	条件性区间概率	区间范围
$P_{im}(h_1 \mid H_1)$	$[0.3155, 0.3302]$	$P_{im}(h_2 \mid H_3)$	$[0.3262, 0.3793]$
$P_{im}(h_1 \mid H_2)$	$[0.4103, 0.4627]$	$P_{im}(h_3 \mid H_1)$	$[0.3089, 0.3236]$
$P_{im}(h_1 \mid H_3)$	$[0.3779, 0.4309]$	$P_{im}(h_3 \mid H_2)$	$[0.2293, 0.2817]$
$P_{im}(h_2 \mid H_1)$	$[0.3609, 0.3756]$	$P_{im}(h_3 \mid H_3)$	$[0.2429, 0.2959]$
$P_{im}(h_2 \mid H_2)$	$[0.3080, 0.3605]$		

3. 模型估计结果分析及其有效性验证

为体现本节所提出预测模型的优异性能,依据中心极限定理(Central Limit Theorem, CLT)构建区间概率统计估计模型,在给定的气象证据条件下估计风电爬坡事件各状态发生的概率区间,并以此为基准,验证朴素贝叶斯网络模型的有效性。中心极限定理广泛应用于估计一组观测样本均值的统计分布。假设该组样本的均值用 μ 表示,方差用 σ^2 表示,则当样本容量 M 足够大时,由中心极限定理可知,样本均值将近似服从正态分布 $N(\mu, \sigma^2/M)$,据此便可在一定置信水平下估计得到样本均值的置信区间。表 7.11 所列是在三种不同置信水平下,对朴素贝叶斯网络(NBN)模型与基于中心极限定理的统计(CLT)模型,在 243 种气象证据条件下的风电爬坡事件概率分布预测结果的平均性能。

表 7.11　三种不同置信水平下 NBN 模型与 CLT 模型预测性能的分析

	$\mu = 90\%$		$\mu = 75\%$		$\mu = 60\%$	
	NBN	CLT	NBN	CLT	NBN	CLT
PICP	85.32%	65.71%	71.88%	57.06%	55.69%	47.60%
PINAW	19.90%	23.22%	15.20%	16.24%	11.67%	11.88%
CWC	0.7060	30.15	0.4357	6.0291	0.3929	1.5376
宽度>0.1	80.38%	71.74%	70.23%	62.83%	58.98%	51.99%

（续）

	$\mu=90\%$		$\mu=75\%$		$\mu=60\%$	
	NBN	CLT	NBN	CLT	NBN	CLT
宽度>0.2	52.81%	51.30%	31.69%	38.68%	3.70%	25.10%
宽度>0.3	13.72%	37.04%	0.82%	18.79%	0.00%	0.00%
宽度>0.5	0.00%	4.32%	0.00%	0.00%	0.00%	0.00%

在表 7.11 中，区间覆盖率 PICP 是预测结果可靠性的评分指标，该项得分越大预测效果越好；预测区间平均带宽 PINAW 是预测结果敏锐性的评分指标，该项得分越小预测效果越好；CWC 是综合评估可靠性与敏锐性的评价指标，该项得分越小越好；最后四行分别统计了区间宽度>0.1、>0.2、>0.3 以及>0.5 的预测区间占全部预测区间的百分比，该四项指标的得分越小越好。

分析表 7.11 中的统计结果可得以下结论：

1）从惩罚性的综合评价指标 CWC 得分来看，三种置信水平下朴素贝叶斯网络模型的得分均低于基于中心极限定理的统计模型的得分。由此可以得知，无论预测者预先设定较高（90%）、较低（60%）或是适中（75%）的置信水平，朴素贝叶斯网络模型总能展现出较中心极限定理统计模型更为优异的预测性能。

2）从表征可靠性的 PICP 指标得分来看，朴素贝叶斯网络模型预测的概率区间对爬坡状态真实发生概率的覆盖率总是更为接近所设定的置信水平，而基于中心极限定理的统计模型则由于受不充足样本情景下异常样本占比过大的影响而难以揭示真实规律，其预测结果对真实概率的覆盖率过低，无法满足可靠性的需求；从表征敏锐性的 PINAW 指标得分来看，朴素贝叶斯网络模型在保证了较高覆盖率的同时，可以获得更狭窄的预测区间，即使是在较高的置信水平下（90%的置信水平），朴素贝叶斯网络模型也能将预测的绝大多数概率区间的宽度控制在 0.3 以内，体现了该模型优异的敏锐性。

3）针对不同的置信水平设定值，本节所提出的朴素贝叶斯网络模型可以对所应用的拓展 IDM 模型的内部参数 u 进行自适应优化，以获得更好的预测性能。从表 7.11 的分析中可以清楚地观察到，朴素贝叶斯网络模型能够根据预测者指定的置信水平调整其估计的概率区间结果，表明该方法具有一定的灵活性与普适性。

为了更形象地说明本节所提方法的有效性，图 7.5 具体展示了当置信水平设定为 75%时，7 种气象条件下朴素贝叶斯网络模型和基于中心极限定理的统计模型对风电爬坡事件的区间概率分布估计结果。可以看出，在气象证据 E_1、E_2 及 E_3 的条件下，基于中心极限定理的统计模型预测的概率区间过宽，难以提供有效的爬坡预警信息，而朴素贝叶斯网络模型则总是可以得到更狭窄的预测区间，并且能够保证对从验证集中统计出的经验概率的覆盖。

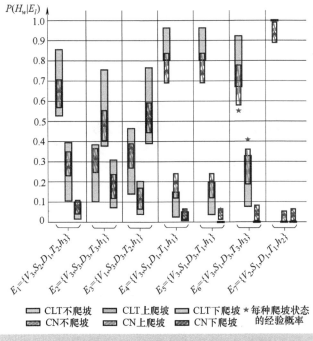

图 7.5 7 种气象条件下 NBN 模型与 CLT 模型预测的风电爬坡事件区间概率分布结果（见彩插）

在气象证据 E_4 及 E_5 的条件下，由于观测样本的稀缺性，从训练集中统计出的经验概率与从验证集中统计出的经验概率之间存在较大的偏差。在这种情况下，中心极限定理统计模型的前提（即统计样本的容量足够大）无法满足，因此难以实现对经验概率的覆盖。然而，在图 7.5 中，由朴素贝叶斯网络模型预测的所有概率区间均实现了对目标概率的覆盖，表明了本节所提方法在观测样本稀缺应用条件下预测的有效性。

此外，在最不利于预测的气象证据 E_6 的条件下，由于严重缺乏观测样本，基于训练集与验证集统计的经验概率之间差异巨大，导致朴素贝叶斯网络模型与基于中心极限定理的统计模型在预测的可靠性方面均表现不佳。但是，相较于基于中心极限定理的统计模型，本节所提方法的误差更小，表明该方法能够更为准确地反映真实统计规律。

在气象证据 E_7 的条件下，训练集中不存在爬坡事件。在这种情况下，基于中心极限定理的统计模型所估计的概率区间退化为确定性概率的形式，即 $P(H_1 \mid E_l) = 1$，$P(H_2 \mid E_l) = P(H_3 \mid E_l) = 0$，导致出现无法容忍的估计偏差。然而，这种情况下朴素贝叶斯网络模型仍展现出较好的预测性能，能够实现对目标概率的覆盖。综合来说，所提方法相比对比方法在各种气象证据条件下均具有更优异的预测表现。

7.2 光伏功率爬坡事件预测

7.2.1 概述

提高光伏功率爬坡事件预测能力是保证光伏高渗透率电网安全稳定运行的必备措施。目前,对于光伏功率爬坡事件的研究尚处于起步阶段,对于其定义也尚未达成共识。现有定义方法在描述爬坡事件时普遍忽视了光伏发电的日周期特性,因此,若阈值设定不当,这些爬坡定义方法将可能导致不必要的连续爬坡警报。

针对上述问题,本节提出了一种考虑日周期性影响的光伏功率爬坡事件非精确概率预测方法。首先对比晴空模型,建立新的光伏发电功率爬坡特征量,有效捕捉由特殊气象变动引发的意外功率变动;其次考虑可能存在的样本不足问题,提出基于信度网络的非精确概率预测方法;最后给定数值天气预报,依据所构建模型即可实现对光伏功率爬坡事件发生概率的区间预测。数值实验分析表明,本节所提方法可有效避免爬坡事件样本不足导致的概率预测误差,为电网运行调度提供更为全面的决策信息。

7.2.2 考虑日周期性影响的光伏功率爬坡事件定义

1. 基于爬坡偏移率的光伏爬坡事件定义

光伏发电功率变化与两类因素有关,一类是由地球自转/公转引发的规律性昼夜波动,即太阳东升西落对地表太阳辐射度造成的周期性影响;另一类是由气象条件的突然变动(如云团移动等)导致的光伏发电的非规律性变动,即在日周期性趋势基础上发生的短时功率波动。光伏功率的规律性日周期变动可通过晴空模型得到,然而日周期性规律变动以外的非规律性功率波动由于受到短时气象因素影响难以轻易得到。显然,这类非规律性功率波动才是影响光伏功率爬坡事件的重点所在。光伏功率爬坡事件主要由三个特征量来描述:①爬坡幅度 ΔP_r,即为一段时间内光伏功率的变化量;②爬坡方向,即表示光伏功率发生陡升或陡降时的变动;③持续时间 Δt,即光伏功率剧烈波动的持续时间长短。

类似于风电功率爬坡事件定义,现有光伏爬坡事件定义中常采用的光伏爬坡特征量有:时段内功率变化量 ΔP、时段内功率最大值与最小值之差 $\overline{\Delta P}$、时段内功率变化率 R_a 和对功率进行预处理后的滤波信号 P_t^f。几个特征量的公式分别如式(7.16)~式(7.19)所示:

$$\Delta P(t) = P(t+\Delta t) - P(t) \tag{7.16}$$

$$\overline{\Delta P} = \max(P[t, t+\Delta t]) - \min(P[t, t+\Delta t]) \tag{7.17}$$

$$R_a = \frac{P(t+\Delta t) - P(t)}{\Delta t} \tag{7.18}$$

$$P_t^f = \mathrm{mean}(P_{t+h} - P_{t+h-n}) \quad h = 1, 2, \cdots, n \tag{7.19}$$

式中，$P(t)$ 为 t 时刻输出功率；$P[t, t+\Delta t]$ 为时段内功率数据集；h 为滤波信号时间窗宽；P_t^f 为功率滤波信号；Δt 为间隔时长。

在此类爬坡事件定义方法中，阈值的确定是关键。一般而言，阈值采用光伏电站装机容量的某个百分比或固定值的形式，但由于实际系统与所处环境的不同，各类研究在具体取值上存在较大差异。

以上光伏爬坡事件定义不仅存在无法识别时间段内功率变化过程、不易区分爬坡方向等缺陷，更重要的是，这些定义均不加区分地将两类功率变动影响因素视为一体，这将在爬坡阈值设置不当时引发不必要的持续爬坡报警。为此，本节提出一种新的光伏发电爬坡特征量，即偏移爬坡率（rRR）指标：

$$\mathrm{rRR}(t) = \frac{[P(t+\Delta t) - \mathrm{CLR}(t+\Delta t)] - [P(t) - \mathrm{CLR}(t)]}{\Delta t} \tag{7.20}$$

式中，$\mathrm{CLR}(t)$ 是晴空模型计算得到的 t 时刻光伏发电功率。

晴空模型是一种常用的光伏发电输出功率计算模型，其结合了太阳辐照度模型与光伏发电系统的数学模型，以经纬度、时间、晴空指数和光伏电站装机容量等作为模型输入，计算得到基准辐照度下不涉及气象因素波动影响的光伏发电功率曲线。图 7.6 所示为偏移爬坡率示意图，由图可知，晴空模型的功率曲线相对平滑，反映的是未考虑气象突变的日趋势性功率变动。

根据式（7.20），容易得到偏移爬坡率的另一种表达形式，即

$$\mathrm{rRR} = \frac{\Delta P(t) - \Delta \mathrm{CLR}(t)}{\Delta t} \tag{7.21}$$

式中，$\Delta \mathrm{CLR}(t) = \mathrm{CLR}(t+\Delta t) - \mathrm{CLR}(t)$，是由晴空模型得到的光伏发电功率在相邻时段间的变化幅度，能够反映由日周期性趋势引发的可预期功率变动。由式（7.21）可见，偏移爬坡率实质上是实际功率对晴空模型偏移程度的量化表达，反映气象变动对光伏功率的非规律性影响。

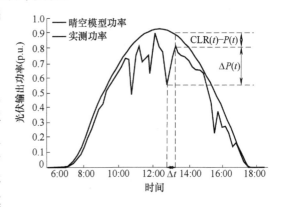

图 7.6　偏移爬坡率示意图

2. 光伏发电爬坡事件不同定义比较

在光伏日周期性对功率变动影响较大的时间段（即临近日出或日落的数小时内），设定统一爬坡阈值，按照式（7.16）~式（7.19）所示的光伏爬坡事件定义方法识别出的爬坡事件具有明显的时间分布特征，即上爬坡事件集中在上午时段，下爬坡事件集中在下午时段。比较而言，采用偏移爬坡率进行爬坡识别具有以下优势：

1）可降低光伏发电爬坡事件的误报率。爬坡事件误报率为误报爬坡事件次数与识别所得爬坡总次数之比。将晴空模型功率序列作为光伏电站发电计划，晴空模型中发生的预期功率变动则不再需要爬坡警报，若将预期功率变动识别为爬坡事件即发生误报。与常用的功率变化率相比，采用偏移爬坡率将有效降低爬坡识别误报率。

2）可降低光伏发电爬坡事件的漏报率。漏报率为漏报爬坡事件次数与实际气象引发的爬坡总次数之比。在日周期性功率增长（或下降）过程中，若实际功率未依照日周期性趋势变动，原有的爬坡特征量将有可能忽略实际功率与计划发电曲线较大偏离的情况，由此引发爬坡漏报。而偏移爬坡率则能够将其有效识别为偏离计划曲线的爬坡事件。

3）便于与电网调度决策进行配合。发电计划制定一般以晴空模型功率作为基准，偏移爬坡率的提出有利于对应系统功率调节手段进行爬坡阈值分级设定，以此实现光伏发电爬坡的分级预警，既满足不同电网的差异化需求，又能为电网调度提供更精细化的信息。

以图7.6为例，分别采用功率变化率 R_a 与偏移爬坡率 rRR 以同一爬坡阈值进行爬坡识别。R_a 在功率序列中识别出35次上/下爬坡，其中日周期性引起的功率变动（即误报）27次，未识别出的与晴空模型的偏移（即漏报）6次。而偏移爬坡率仅识别出13次上/下爬坡，其中误报1次，漏报0次。

综上所述，通过将晴空模型加入分析，偏移爬坡率这一特征量能够有效地剔除光伏发电功率中的日趋势性变动，从而捕捉到由非规律性气象变动导致的功率突变，可提高对光伏发电爬坡事件的有效识别。

7.2.3 基于信度网络的光伏功率爬坡事件预测

1. 信度网络理论

信度网络作为经典贝叶斯网络的拓展，是一种表达不确定性知识和进行因果推理的非精确概率模型，其结构如图7.7所示。图中，A 为根节点，B、C 为 A 的证据节点，A 为 B、C 的父节点。在光伏爬坡事件预测信度网络中，根节点 A 应为爬坡状态变量 R；证据节点应为与爬坡相关的各类气象因素的变量集 E。信度网络的节点与弧可以是精确概率，也可以是非精确概率测度的表达形式。

光伏功率爬坡事件的发生与所处地区的天气状况密切相关，本节选取影响光伏功率爬坡的太阳辐照、环境温度 T、气压 P、相对湿度 H 四类气象因素，其中太阳辐照作为影响光伏功率的主要因素，表示为太阳辐照度爬坡 R_I 和太

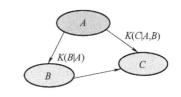

图7.7　简单的三点信度网络结构

阳辐照度 I 两个量，由此信度网络证据节点变量集取为 $\boldsymbol{E}=\{R_I,I,T,P,H\}$。信度网络的根节点变量为光伏爬坡状态，根据预测对象的特点建立状态集 $R=\{R_1,R_2,R_3\}$，其中 R_1 表示下爬坡，R_2 表示不爬坡，R_3 表示上爬坡。相应地，E 中各节点证据变量按无监督准则下的等频原则划分为 3 个状态。

2. 信度网络结构学习

现有的信度网络结构学习方法包括基于计分与搜索或基于约束的结构学习算法两类。基于约束的结构学习算法简单直观，但其有效性对条件独立检验的准确性非常敏感，同时这类方法在学习过程中可能存在有误差的传播和积累。而基于计分与搜索的结构学习算法利用智能搜索算法寻找最优结构，并通过精确的评分函数来判断网络结构的有效性，这类算法具有较高的学习精度，但其搜索空间可能随着节点数量的增加呈指数增长，计算量较大。

信度网络需进行结构学习，方可寻找出样本数据下的最优网络结构，以抽象表达各气象要素间的潜在依赖关系。为了在建立较高精度网络结构的同时尽量减小计算量，本节采用贪婪搜索算法对光伏功率爬坡概率预测的信度网络进行结构学习。贪婪搜索算法是一种较为常用的启发式搜索算法，它可以通过对初始网络结构的不断更新寻得在指定计分函数下的最优结构，最优结构的搜索过程如图 7.8 所示。

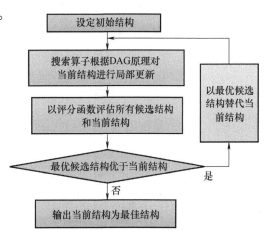

图 7.8 最优结构的搜索过程

寻得最优网络结构后，即可进行信度网络的结构推理。对于具有 N 个节点的光伏爬坡信度网络而言，$\boldsymbol{x}=(x_1,x_2,\cdots,x_N)$ 是 N 维随机变量 $\boldsymbol{X}=(X_1,X_2,\cdots,X_N)$ 的一组状态。利用常规贝叶斯网络推理手段，遍历信度集顶点组合成的联合概率质量函数，可以完成对信度网络的精确推理，计算根节点变量 R 的状态 R_i，在气象证据变量 E 的观察值 $\boldsymbol{x}_e$ 下出现概率 $P(R_i\mid\boldsymbol{x}_e)$ 的最大、最小边界值，如式（7.22）、式（7.23）所示：

$$\overline{P}(R_i\mid\boldsymbol{x}_e)=\max_{P(X)\in\text{ext}[K(X)]}\frac{\sum X_{M1}\prod_{i=1}^N P_j(x_i\mid\boldsymbol{\pi}_i)}{\sum X_{M2}\prod_{i=1}^N P_j(x_i\mid\boldsymbol{\pi}_i)} \tag{7.22}$$

$$\underline{P}(R_i\mid\boldsymbol{x}_e)=\min_{P(X)\in\text{ext}[K(X)]}\frac{\sum X_{M1}\prod_{i=1}^N P_j(x_i\mid\boldsymbol{\pi}_i)}{\sum X_{M2}\prod_{i=1}^N P_j(x_i\mid\boldsymbol{\pi}_i)} \tag{7.23}$$

式中，$K(X)$ 为条件信度集；$P(X) \in \mathrm{ext}[K(X)]$，表明 $P(X)$ 应从随机变量条件信度集顶点对应的概率质量函数上取值；X_{M1} 为节点变量集合 $X \backslash \{R, E\}$；X_{M2} 为节点变量集合 $X \backslash \{E\}$；$\sum X_M$ 表示对节点变量集合 X_M 的全概率运算。

3. 光伏功率爬坡事件预测流程图

综上所述，光伏功率爬坡事件预测流程如图 7.9 所示。实施步骤如下：

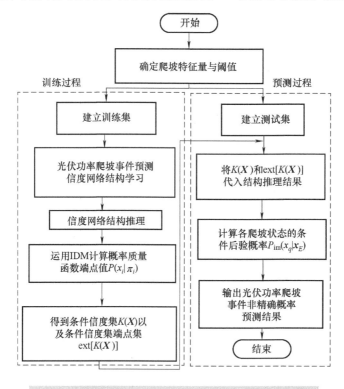

图 7.9　基于信度网络的光伏功率爬坡事件预测流程

1）在开始信度网络结构学习前，依据偏移爬坡率及变量状态划分方法，构建信度网络节点变量集与各节点变量的状态集。

2）依据已有变量集与状态集，利用贪婪搜索算法寻得最优信度网络结构。

3）信度网络结构确定后，条件信度集 $K(X)$ 是在统计不同爬坡状态的先验概率，并利用 IDM 估计各爬坡证据节点关联的非精确条件概率下建立的。

4）依据式（7.22）、式（7.23）推理得到给定气象条件下的光伏功率爬坡概率的非精确预测结果 $[\underline{P}(R_i \mid \boldsymbol{x}_e), \overline{P}(R_i \mid \boldsymbol{x}_e)]$。

7.2.4　算例分析

以实地投运的光伏电站数据为例验证所提方法。选用 2015—2017 年电站实际运行功率数据及相应数值天气预报数据，时间分辨率为 15min，该光伏电站装机容量为 90MW。经过合理性检验与筛选后，将数据划分为训练集、验证集，按照 7.2.3 节实施步骤 1）构造节点变量集 $\{R,E\}$ 与变量状态集 $\{R_i,x_e\}$，其中，$x_e = \{rI_m,I_n,T_a,P_b,H_c\}$，$i,m,n,a,b,c \in \{1,2,3\}$。

1. 新特征量的有效性分析

本节提出了新的爬坡特征量，现以训练集数据为例验证其对光伏爬坡事件的识别能力。以光伏电站装机容量的 5% 作为爬坡阈值，分别依据本节提出的 rRR 以及前述内容提出的 $\Delta \overline{P}$ 和 R_a 两类特征量，以气象变动引发的光伏发电爬坡事件为识别对象，对样本数据进行爬坡识别，三类方法下爬坡事件识别结果的统计见表 7.12。从表 7.12 可以看出，采用偏移爬坡率识别的结果中，爬坡事件数远少于其他两类爬坡特征量，并且针对最受关注的由气象变动引发的爬坡事件，其他两类特征量漏报率和误报率均较高，即对有价值的爬坡信息捕获准确率较低。而本节提出的偏移爬坡率则能够准确有效地识别目标爬坡事件，减少不必要的爬坡警报。

表 7.12　光伏发电爬坡事件识别结果

爬坡特征量	R_a	$\Delta \overline{P}$	rRR
爬坡事件总件数	17558	15871	2637
误报率	48.2%	43.9%	1.8%
漏报率	13.5%	10.4%	1.2%

2. 信度网络构建与推理

光伏功率爬坡信度网络中各节点变量确定后，按照 7.2.3 节实施步骤 2）运用贪婪搜索算法，不断对信度网络进行局部更新。本节采用贝叶斯信息准则来评价网络结构的质量，该准则利用似然函数来描述结构与数据之间的拟合程度，惩罚结构的复杂性，避免过拟合。最终在 172 类网络结构中寻得最优信度网络结构，如图 7.10 所示。

由构建的信度网络结构可知，光伏功率爬坡事件与太阳辐照度、湿度、温度以及太阳辐照度偏移爬坡率直接相关。需要注意的是，图 7.10 中证据变量 I、H 由多个父节点共同影响，因此在 7.2.3 节实施步骤 3）求取条件信度集时，需找到其所有父节点不同状态出现的情况，以光伏功率的长期统计爬坡概率替代各爬坡状态的先验概率。

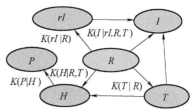

图 7.10　光伏功率爬坡概率预测信度网络结构

依据步骤 3）得到各节点的概率关联后，按 7.2.3 节实施步骤 4）求解即

可得到给定气象条件下各光伏功率爬坡状态 $R_l (l \in \{1,2,3\})$ 的非精确条件概率 $P_{\mathrm{im}}(R_l | E_e)$，即 $[\overline{P}(R_l | E_e), \underline{P}(R_l | E_e)]$。

3. 预测结果分析

如前文所述，中心极限定理 CLT 是一种非精确概率均值计算方法。选取 6 类由不同的气象因素状态组合而成的气象场景，见表 7.13，以电站多年运行数据的统计概率作为真实概率，采用本节所提方法和 CLT 模型（90%置信区间），对不同气象状态组合下的各爬坡状态的发生概率进行预测，概率预测结果如图 7.11所示。

表 7.13　选取的 6 类气象场景

气象场景	rI	I	T	P	H
E_1	1	2	3	1	1
E_2	2	3	1	1	2
E_3	3	1	2	3	1
E_4	1	3	2	1	3
E_5	3	1	1	3	1
E_6	3	3	1	1	1

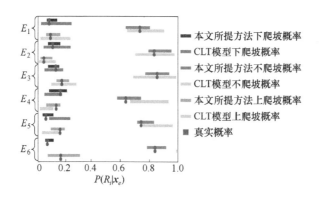

图 7.11　在 6 类不同气象场景下光伏爬坡事件的非精确概率（见彩插）

由图 7.11 可以看到，在气象场景 E_1、E_2、E_3 下，本节所提方法和 CLT 都可以有效地覆盖真实概率，但比较而言，CLT 模型所得的概率区间较本节所提方法更宽，即敏锐性较差；在气象场景 E_4、E_5 下，光伏功率爬坡样本数量较少，不同爬坡状态在训练集与验证集中的发生概率存在差异，此时不满足 CLT 模型对样本数据大容量的要求，因此 CLT 模型得到的概率区间无法准确地覆盖真实概率，但本节所提方法仍可以用较为狭窄的概率区间实现对真实概率的覆盖；在气象场景 E_6 下，训练样本中没有爬坡事件发生，这种情况下 CLT 模型输出不爬坡概率为 1，而上/下爬坡概率为 0，导致错误结果；本节所提方法在这些条件下仍可以较好地实现对光伏功率爬坡状态的概率预测，并能实现对真实概率的覆盖。

对于验证集中所有可能存在的 243 类气象状态组合的非精确概率预测结果进行统计，以整体分析 CLT 模型与本节所提方法在可靠性与敏锐性两方面的表现，两种方法在验证集中对真实概率的覆盖率与平均概率区间宽度见表 7.14。

表 7.14　验证集概率区间精度分析

方法	CLT	本节所提方法
真实概率的覆盖率	55.4%	83.6%
平均概率区间宽度	0.152	0.143

对两个光伏电站进行日前尺度的下爬坡预测结果如图 7.12 所示，由图可知，在连续时段内，两个光伏电站的下爬坡概率不是固定值，其在不同预估时段的下爬坡概率区间不同，这体现了光伏电站功率稳定水平随气象场景变化而时变的特点。图中下爬坡概率区间的上界线为对光伏功率爬坡较为保守的预测，而下界线则为较为乐观的预测。预测所得概率区间能可靠覆盖历史发生概率，同时利用经典贝叶斯网络精确单值条件概率预测的结果，被包含在信度网络推理所得的概率区间内，证明了非精确概率对光伏功率爬坡事件具有更全面的描述特点，能够为电力系统运行决策提供更加详实的概率信息。

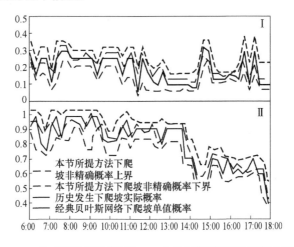

图 7.12　对两个光伏电站进行日前尺度下爬坡预测结果

7.3 本章小结

本节面向风光新能源发电爬坡事件预测，总结了目前常用的四种基于特征量的定义方法，针对爬坡事件的小样本特性，结合拓展非精确狄利克雷模型，提出了爬坡事件的非精确区间概率预测模型。为了减少光伏日周期性带来的规律性爬坡事件的影响，提出了一种基于爬坡偏移率的光伏爬坡事件定义方法，可有效地剔除光伏发电功率中的日趋势性变动，从而捕捉到由非规律性气象变动导致的功率突变，可提高对光伏发电爬坡事件的有效识别。

参 考 文 献

[1] 朱思萌. 风电场输出功率概率预测理论与方法 [D]. 济南：山东大学，2014.

[2] 林优. 风电场输出功率的非参数预测方法 [D]. 济南：山东大学，2016.

[3] 于一潇. 时空特征深度挖掘的风电集群发电功率短期概率预测方法研究 [D]. 济南：山东大学，2020.

[4] 马嘉翼. 基于动态规律建模的风电功率预测方法研究 [D]. 济南：山东大学，2019.

[5] 赵元春. 风电爬坡事件的区间概率估计方法研究 [D]. 济南：山东大学，2019.

[6] 朱文立. 光伏功率爬坡事件非精确概率预测 [D]. 济南：山东大学，2020.

[7] 丁婷婷. 考虑气象分类的短期风电功率组合预测方法研究 [D]. 济南：山东大学，2022.

[8] 司志远. 考虑云遮挡影响的超短期光伏电站功率预测研究 [D]. 济南：山东大学，2022.

[9] 王冠杰. 基于改进集成学习算法的光伏场站功率预测方法 [D]. 济南：山东大学，2021.

[10] 刁浩然. 基于非精确概率的电力设备运行可靠性评估方法研究 [D]. 济南：山东大学，2017.

[11] 朱思萌，杨明，韩学山，等. 多风电场短期输出功率的联合概率密度预测方法 [J]. 电力系统自动化，2014，38 (19)：8-15.

[12] 杨明，朱思萌，韩学山，等. 风电场输出功率的多时段联合概率密度预测 [J]. 电力系统自动化，2013，37 (10)：23-28.

[13] 林优，杨明，韩学山，等. 基于条件分类与证据理论的短期风电功率非参数概率预测方法 [J]. 电网技术，2016，40 (4)：1113-1119.

[14] 孙东磊，王艳，于一潇，等. 基于 BP 神经网络的短期光伏集群功率区间预测 [J]. 山东大学学报（工学版），2020，50 (5)：70-76.

[15] 王勃，汪步惟，杨明，等. 风电爬坡事件的非精确条件概率预测 [J]. 山东大学学报（工学版），2020，50 (1)：82-94.

[16] 朱文立，张利，杨明，等. 考虑日周期性影响的光伏功率爬坡事件非精确概率预测 [J]. 电力系统自动化，2019，43 (20)：31-38.

[17] 丁婷婷，杨明，于一潇，等. 基于误差修正的短期风电功率集成预测方法 [J]. 高电压技术，2022，48 (2)：488-496.

[18] 司志远，杨明，于一潇，等. 基于卫星云图特征区域定位的超短期光伏功率预测方法 [J/OL]. 高电压技术，2021，47 (4)：1214-1223. [2021-4-30]. DOI：10.13336/j.1003-6520.hve.20201803.

[19] ZHU S, YANG M, LIU M, et al. One parametric approach for short-term JPDF forecast of wind generation [C]//2013 IEEE Industry Applications Society Annual Meeting, October 6-11, 2013, Lake Buena Vista, FL, USA. IEEE, 2013：1-7.

[20] ZHU S M, YANG M, HAN X S. Short-term generation forecast of wind farm using SVM-GARCH approach [C]// 2012 IEEE International Conference on Power System Technology, October 30-November 2, 2012, Aucklan, New Zealand, USA. IEEE, 2013：1-7.

[21] YANG M, ZHU S, LIU M, et al. One parametric approach for short-term JPDF forecast of wind

generation [J]. IEEE Transactions on Industry Applications, 2014, 50 (4): 2837-2843.

[22] YANG M, LIN Y, ZHU S, et al. Multi-dimensional scenario forecast for generation of multiple wind farms [J]. Journal of Modern Power Systems and Clean Energy, 2015, 3 (3): 361-370.

[23] YANG M, LIN Y, HAN X. Probabilistic wind generation forecast based on sparse Bayesian classification and Dempster-Shafer theory [J]. IEEE Transactions on Industry Applications, 2016, 52 (3): 1998-2005.

[24] LIN Y, YANG M, WAN C, et al. A multi-model combination approach for probabilistic wind power forecasting [J]. IEEE Transactions on Sustainable Energy, 2019, 10 (1): 226-237.

[25] GORDON J, SHORTLIFFE E H. The Dempster-Shafer theory of evidence [J]. Rule-based expert systems: The MYCIN experiments of the Stanford Heuristic Programming Project, 1984, 3: 832-838.

[26] YU Y, YANG M, HAN X, et al. A regional wind power probabilistic forecast method based on deep quantile regression [J]. IEEE Transactions on Industry Applications, 2021, 57 (5): 4420-4427.

[27] YU Y, HAN X, YANG M, et al. Probabilistic prediction of regional wind power based on spatio-temporal quantile regression [C]//2019 IEEE Industry Applications Society Annual Meeting, September 29-October 3, 2019, Baltimore, MD, USA. IEEE, 2019: 1-16.

[28] YU Y, HAN X, YANG M, et al. Probabilistic prediction of regional wind power based on spatio-temporal quantile regression [J]. IEEE Transactions on Industry Applications, 2020, 56 (6): 6117-6127.

[29] MA J, YANG M, LIN Y. Ultra-short-term probabilistic wind turbine power forecast based on empirical dynamic modeling [J]. IEEE Transactions on Sustainable Energy, 2020, 11 (2): 906-915.

[30] MA J, YANG M, HAN X, et al. Ultra-short-term wind generation forecast based on multivariate empirical dynamic modeling [J]. IEEE Transactions on Industry Applications, 2018, 54 (2): 1029-1038.

[31] ZHAO Y, ZHU W, YANG M, et al. Bayesian network based imprecise probability estimation method for wind power ramp events [J]. Journal of Modern Power Systems and Clean Energy, 2021, 9 (6): 1510-1519.

[32] ZHAO B, YANG M, DIAO H R, et al. A novel approach to transformer fault diagnosis using IDM and naive credal classifier [J]. International Journal of Electrical Power & Energy Systems, 2019, 105: 846-855.

[33] ZHU W, ZHANG L, YANG M, et al. Solar power ramp event forewarning with limited historical observations [J]. IEEE Transactions on Industry Applications, 2019, 55 (6): 5621-5630.

[34] ZHU W, YU Y, YANG M, et al. Review on Probabilistic Short-Term Power Forecast [C]//2021 IEEE/IAS Industrial and Commercial Power System Asia (I&CPS Asia). July 18-21, 2021, Chengdu, China. IEEE, 2021: 880-884.

[35] DING T, YANG M, YU Y, et al. Week-ahead predictions of wind power based on weather classification [C]//2020 IEEE/IAS Industrial and Commercial Power System Asia (I&CPS Asia), July 13-15, 2020, Weihai, China. IEEE, 2020: 623-631.

[36] SI Z, YANG M, YU Y, et al. Photovoltaic power forecast based on satellite images considering

effects of solar position [J]. Applied Energy, 2021, 302: 117514.

[37] SI Z, YU Y, YANG M, et al. Hybrid solar forecasting method using satellite visible images and modified convolutional neural networks [J]. IEEE Transactions on Industry Applications, 2020, 57 (1): 5-16.

[38] SI Z, YANG M, YU Y, et al. A Hybrid Photovoltaic Power Prediction Model Based on Multi-source Data Fusion and Deep Learning [C]//2020 IEEE 3rd Student Conference on Electrical Machines and Systems (SCEMS), December 4-6, 2020, Jinan, China. IEEE, 2020: 608-613.

[39] WANG G, YANG M, YU Y. A short-term forecasting method for photovoltaic power based on ensemble adaptive boosting random forests [C]//2020 IEEE/IAS 56th Industrial and Commercial Power Systems Technical Conference (I&CPS), June 29-July 28, 2020, Las Vegas, NV, USA. IEEE, 2020: 1-8.

[40] LI M, YANG M, YU Y, et al. A wind speed correction method based on modified hidden Markov model for enhancing wind power forecast [J]. IEEE Transactions on Industry Applications, 2022, 58 (1): 656-666.

[41] LIU Y, YANG M, YU Y, et al. Short-Term Wind Generation Combined Forecast Considering Meteorological Similarity [C]//2021 IEEE/IAS Industrial and Commercial Power System Asia (I&CPS Asia), July 18-21, 2021, Chengdu, China. IEEE, 2021: 1308-1313.

[42] WANG C, YANG M, YU Y, et al. A Multi-dimensional Copula Wind Speed Correction Method for Ultra-Short-Term Wind Power Prediction [C]//2022 4th Asia Energy and Electrical Engineering Symposium (AEEES), March 25-28, 2020, Chengdu, China. IEEE, 2022: 219-225.

[43] 冯双磊, 王伟胜, 刘纯, 等. 风电场功率预测物理方法研究 [J]. 中国电机工程学报, 2010, 30 (2): 1-6.

[44] 李智, 韩学山, 杨明, 等. 基于分位点回归的风电功率波动区间分析 [J]. 电力系统自动化, 2011, 35 (3): 83-87.

[45] 王丽婕, 冬雷, 廖晓钟, 等. 基于小波分析的风电场短期发电功率预测 [J]. 中国电机工程学报, 2009, 29 (28): 30-33.

[46] 彭小圣, 熊磊, 文劲宇, 等. 风电集群短期及超短期功率预测精度改进方法综述 [J], 中国电机工程学报, 2016, 36 (23): 6315-6326.

[47] 王勃, 冯双磊, 刘纯. 基于天气分型的风电功率预测方法 [J]. 电网技术, 2014, 38 (1): 93-98.

[48] 薛禹胜, 郁琛, 赵俊华, 等. 关于短期及超短期风电功率预测的评述 [J]. 电力系统自动化, 2015, 39 (6): 141-151.

[49] 叶林, 刘鹏. 基于经验模态分解和支持向量机的短期风电功率组合预测模型 [J]. 中国电机工程学报, 2011, 31 (31): 102-108.

[50] 叶瑞丽, 郭志忠, 刘瑞叶, 等. 基于小波包分解和改进 Elman 神经网络的风电场风速和风电功率预测 [J]. 电工技术学报, 2017, 32 (21): 34-42.

[51] 孟勇. 风电功率预测系统的研究与开发 [D]. 天津: 天津大学, 2010.

[52] 陈德辉, 薛纪善. 数值天气预报业务模式现状与展望 [J]. 气象学报, 2004, 62 (5): 623-633.

[53] 陈葆德, 王晓峰, 李泓, 等. 快速更新同化预报的关键技术综述 [J]. 气象科技进展,

2013，（2）：29-35.

[54] 陈德辉，薛纪善，沈学顺，等. 我国自主研制的全球/区域一体化数值天气预报系统 GRAPES 的应用与展望 [J]. 中国工程科学，2012，14（9）：46-54.

[55] 杜钧. 集合预报的现状和前景 [J]. 应用气象学报，2002，13（1）：16-28.

[56] 沈桐立，田永祥，葛孝贞. 数值天气预报 [M]. 北京：气象出版社，2003.

[57] 许小峰. 从物理模型到智能分析——降低天气预报不确定性的新探索 [J]. 气象，2018，44（3）：341-350.

[58] 张云济，张福青. 集合资料同化方法在强雷暴天气预报中的应用 [J]. 气象科技进展，2018，8（3）：38-52.

[59] BAUER P, THORPE A, BRUNET G. The quiet revolution of numerical weather prediction [J]. Nature, 2015, 525：47-55.

[60] KALNAY E. Atmospheric modeling, data assimilation and predictability [M]. Cambridge：Cambridge university press, 2003.

[61] SONG Z P, HU F, LIU Y J, et al. A numerical verification of self-similar multiplicative theory for small-scale atmospheric turbulent convection [J]. Atmospheric and Oceanic Science Letters, 2014, 7（2）：98-102.

[62] ZHEN Z, PANG S, WANG F, et al. Pattern classification and PSO optimal weights based sky images cloud motion speed calculation method for solar PV power forecasting [J]. IEEE Transactions on Industry Applications, 2019, 55（4）：3331-3342.

[63] WANG F, ZHEN Z, LIU C, et al. Image phase shift invariance based cloud motion displacement vector calculation method for ultra-short-term solar PV power forecasting [J]. Energy Conversion and Management, 2018, 157：123-135.

[64] WANG F, ZHEN Z, WANG B, et al. Comparative study on KNN and SVM based weather classification models for day ahead short term solar PV power forecasting [J]. Applied Sciences, 2018, 8（1）：28.

[65] ZHEN Z, WANG F, SUN Y, et al. SVM based cloud classification model using total sky images for PV power forecasting [C]//2015 IEEE Power & Energy Society Innovative Smart Grid Technologies Conference (ISGT). Washington, DC, USA. IEEE, 2015：1-5.

[66] ZHEN Z, WANG Z, WANG F, et al. Research on a cloud image forecasting approach for solar power forecasting [J]. Energy Procedia, 2017, 142：362-368.

[67] 冬雷，王丽婕，郝颖，等. 基于自回归滑动平均模型的风力发电容量预测 [J]. 太阳能学报，2011，32（5）：617-622.

[68] 冬雷，王丽婕，高爽，等. 基于混沌时间序列的大型风电场发电功率预测建模与研究 [J]. 电工技术学报，2008，23（12）：125-129.

[69] 王丽婕，廖晓钟，高爽，等. 并网型大型风电场风力发电功率-时间序列的混沌属性分析 [J]. 北京理工大学学报，2007，27（12）：1077-1080.

[70] ZHEN Z, WANG F, MI Z, et al. Cloud tracking and forecasting method based on optimization model for PV power forecasting [C]//2015 Australasian Universities Power Engineering Conference (AUPEC). IEEE, 2015：1-4.

[71] 马欢，李常刚，刘玉田. 风电爬坡事件多级区间预警方法 [J]. 电力系统自动化，2017，41 (11)：39-47.

[72] UTKIN L V. The imprecise Dirichlet model as a basis for a new boosting classification algorithm [J]. Neurocomputing, 2015, 151: 1374-1383.

[73] YANG M, WANG J, DIAO H, et al. Interval estimation for conditional failure rates of transmission lines with limited samples [J]. IEEE Transactions on Smart Grid, 2018, 9 (4): 2752-2763.

[74] 孟晓承，韩学山，许易经，等. SF$_6$高压断路器机械故障概率的非精确条件估计 [J]. 电工技术学报，2019，34 (4)：693-702.

[75] 张东英，代悦，张旭，等. 风电爬坡事件研究综述及展望 [J]. 电网技术，2018，42 (6)：1783-1792.

[76] 刘瑞叶，黄磊. 基于动态神经网络的风电场输出功率预测 [J]. 电力系统自动化，2012，36 (11)：19-22.

[77] 熊一，查晓明，秦亮，等. 风电功率爬坡气象场景分类模型及阈值整定研究 [J]. 电工技术学报，2016，31 (19)：155-162.

[78] 崔明建，孙元章，柯德平. 基于原子稀疏分解和 BP 神经网络的风电功率爬坡事件预测 [J]. 电力系统自动化，2014，38 (12)：6-11.

[79] SMOLA A J, Schölkopf B. A tutorial on support vector regression [J]. Statistics and Computing, 2004, 14 (3): 199-222.

[80] TAYLOR J W, MCSHARRY P E, BUIZZA R. Wind power density forecasting using ensemble predictions and time series models [J]. IEEE Transactions on Energy Conversion, 2009, 24 (3): 775-782.

[81] GNEITING T. Quantiles as optimal point forecasts [J]. International Journal of Forecasting, 2011, 27 (2): 197-207.

[82] 严欢，卢继平，覃俏云，等. 基于多属性决策和支持向量机的风电功率非线性组合预测 [J]. 电力系统自动化，2013，37 (10)：29-34.

[83] 陈宁，沙倩，汤奕，等. 基于交叉熵理论的风电功率组合预测方法 [J]. 中国电机工程学报，2012，32 (4)：29-34.

[84] 白永祥，房大中，侯佑华，等. 内蒙古电网区域风电功率预测系统 [J]. 电网技术，2010，34 (10)：157-162.

[85] 王彩霞，鲁宗相，乔颖，等. 基于非参数回归模型的短期风电功率预测 [J]. 电力系统自动化，2010，34 (16)：78-82.

[86] 孙国强，梁智，俞娜燕，等. 基于 EWT 和分位数回归森林的短期风电功率概率密度预测 [J]. 电力自动化设备，2018，38 (8)：158-165.

[87] 宋小会，郭志忠，郭华平，等. 一种基于森林模型的光伏发电功率预测方法研究 [J]. 电力系统保护与控制，2015，43 (2)：13-18.

[88] 谭津，邓长虹，杨威，等. 微电网光伏发电的 Adaboost 天气聚类超短期预测方法 [J]. 电力系统自动化，2017，41 (21)：33-39.

[89] 赵腾，王林童，张焰，等. 采用互信息与随机森林算法的用户用电关联因素辨识及用电量预测方法 [J]. 中国电机工程学报，2016，36 (3)：604-614.

［90］SU H Y, LIU T Y, HONG H H. Adaptive residual compensation ensemble models for improving solar energy generation forecasting ［J］. IEEE Transactions on Sustainable Energy, 2020, 11 (2): 1103-1105.

［91］刘克文, 蒲天骄, 周海明, 等. 风电日前发电功率的集成学习预测模型 ［J］. 中国电机工程学报, 2013, 33 (34): 130-135.

［92］周志华. 机器学习 ［M］. 北京: 清华大学出版社, 2016.

［93］赵唯嘉, 张宁, 康重庆, 等. 光伏发电出力的条件预测误差概率分布估计方法 ［J］. 电力系统自动化, 2015, 39 (16): 8-15.

［94］程泽, 刘冲, 刘力. 基于相似时刻的光伏出力概率分布估计方法 ［J］. 电网技术, 2017, 41 (2): 448-455.

［95］单英浩, 付青, 耿炫, 等. 基于改进 BP-SVM-ELM 与粒子化 SOM-LSF 的微电网光伏发电组合预测方法 ［J］. 中国电机工程学报, 2016, 36 (12): 3334-3342.

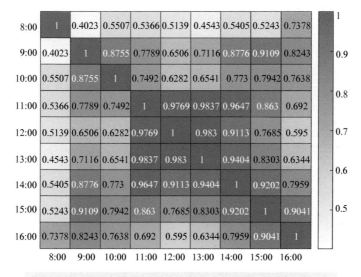

	8:00	9:00	10:00	11:00	12:00	13:00	14:00	15:00	16:00
8:00	1	0.4023	0.5507	0.5366	0.5139	0.4543	0.5405	0.5243	0.7378
9:00	0.4023	1	0.8755	0.7789	0.6506	0.7116	0.8776	0.9109	0.8243
10:00	0.5507	0.8755	1	0.7492	0.6282	0.6541	0.773	0.7942	0.7638
11:00	0.5366	0.7789	0.7492	1	0.9769	0.9837	0.9647	0.863	0.692
12:00	0.5139	0.6506	0.6282	0.9769	1	0.983	0.9113	0.7685	0.595
13:00	0.4543	0.7116	0.6541	0.9837	0.983	1	0.9404	0.8303	0.6344
14:00	0.5405	0.8776	0.773	0.9647	0.9113	0.9404	1	0.9202	0.7959
15:00	0.5243	0.9109	0.7942	0.863	0.7685	0.8303	0.9202	1	0.9041
16:00	0.7378	0.8243	0.7638	0.692	0.595	0.6344	0.7959	0.9041	1

图 4.2　白天时段不同时刻之间的光伏功率互相关系数表

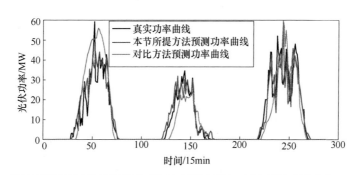

图 4.20　本节所提方法与对比方法的预测曲线与真实曲线对比

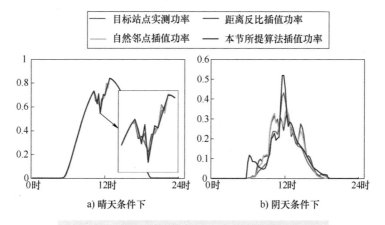

a) 晴天条件下　　　　　　　b) 阴天条件下

图 4.27　不同插值方法得到的目标站点功率曲线

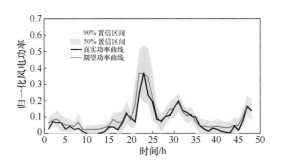

图 5.5 SBL 风电功率概率密度预测结果

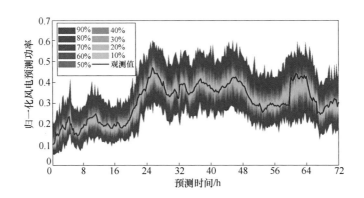

图 5.13 BP-QR 模型的 2016 年 11 月 12 日前瞻 72h 预测结果

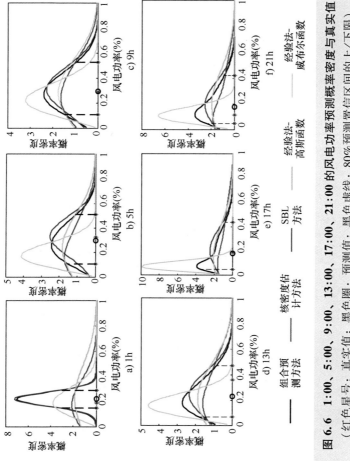

图 6.6 1:00、5:00、9:00、13:00、17:00、21:00 的风电功率预测概率密度与真实值

（红色星号：真实值；黑色圈：预测值；黑色虚线：80%预测置信区间的上/下限）

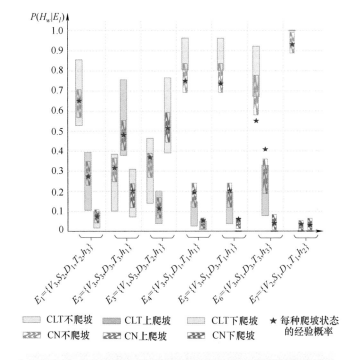

图 7.5　7 种气象条件下 NBN 模型与 CLT 模型预测的风电爬坡事件区间概率分布结果

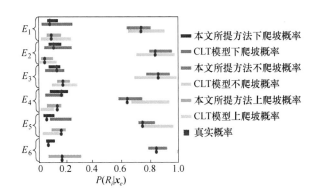

图 7.11　在 6 类不同气象场景下光伏爬坡事件的非精确概率